中国海洋经济发展报告 2022

国家发展和改革委员会　自然资源部　编

海洋出版社

2023年·北京

图书在版编目（CIP）数据

中国海洋经济发展报告. 2022 / 国家发展和改革委员会, 自然资源部编. -- 北京：海洋出版社, 2023.9
ISBN 978-7-5210-1176-0

Ⅰ. ①中… Ⅱ. ①国… ②自… Ⅲ. ①海洋经济－经济发展－研究报告－中国－2022 Ⅳ. ①P74

中国国家版本馆CIP数据核字(2023)第186081号

责任编辑：高朝君
责任印制：安　淼

海洋出版社 出版发行
http://www.oceanpress.com.cn
北京市海淀区大慧寺路 8 号　　邮编：100081
鸿博昊天科技有限公司印刷
2023年9月第1版　　2023年9月北京第1次印刷
开本：787 mm × 1092 mm　　1 / 16　　印张：6.75
字数：72千字　　定价：98.00元
发行部：010-62100090　　总编室：010-62100034
海洋版图书印、装错误可随时退换

前　言

　　海洋经济是国民经济的重要组成部分，海洋经济活动已经融入国家经济社会发展的方方面面。为全面反映我国海洋经济发展情况，国家发展和改革委员会、自然资源部自 2015 年起共同组织编写年度《中国海洋经济发展报告》（以下简称《报告》）。

　　《中国海洋经济发展报告 2022》围绕总体发展、海洋经济宏观调控与政策支持、海洋科技创新与转化应用发展、海洋资源管理与生态环境保护、金融支持海洋经济发展、海洋经济对外合作 6 个方面概述了 2021 年我国海洋经济发展的整体情况；归纳了海洋油气业、海洋电力业、海水淡化与综合利用业、海洋渔业、海洋药物和生物制品业、海洋船舶工业与海洋工程装备制造业、海洋交通运输业等产业发展的亮点；总结了沿海各省（自治区、直辖市）和计划单列市 2021 年海洋经济发展成效和主要举措。

　　《报告》中沿海地区海洋经济发展情况相关素材，由 11 个沿海省（自治区、直辖市）和 5 个计划单列市的发展改革、自然资源（海洋）行政管理部门提供。《报告》的编写得到了国务院有关部门的大力支持，在此一并表示感谢。

编　者
2023 年 5 月

目　录

第三章　各沿海地区海洋经济发展情况

第一章

2021 年我国海洋经济
发展情况

第一节　总体情况

　　2021 年是党和国家历史上具有里程碑意义的一年。这一年，我国全面建成小康社会、实现第一个百年奋斗目标，开启全面建设社会主义现代化国家、向第二个百年奋斗目标进军新征程。面对复杂严峻的国内外形势和诸多风险挑战，中央和国家有关部门、单位，沿海各省（自治区、直辖市）以习近平新时代中国特色社会主义思想为指导，坚持稳中求进工作总基调，坚持新发展理念，贯彻落实习近平总书记关于海洋强国建设的重要论述和指示批示精神，贯彻落实党中央、国务院关于发展海洋经济加快建设海洋强国的重要部署，采取了一系列有力支持措施，我国海洋经济强劲恢复，产业结构调整步伐加快，自主创新能力不断提升，供给保障能力持续增强，国际竞争优势进一步巩固，实现了"十四五"时期海洋经济发展的良好开局。

一、海洋经济稳步恢复

　　纵观 2021 年，国内新冠肺炎防控进入常态化，跨周期调节的各项举措精准到位。世界经济开始复苏，国际贸易和投资逐步恢复。我国海洋经济稳步恢复，发展韧性持续显现。全年海洋生产总值 89 521 亿元[①]，同比增长 7.6%。

---

① 报告中核算数据均来自《2022 年中国海洋经济统计公报》中的 2021 年核实数据。

二、海洋经济布局不断完善

京津冀协同发展、长三角一体化发展、粤港澳大湾区建设等区域重大战略的深入实施，进一步激发了我国三大海洋经济圈发展动力，发展水平不断提升。2021 年，北部海洋经济圈海洋油气业、海洋电力业快速发展，增加值分别占全国的 57.6% 和 46.7%；东部海洋经济圈海洋药物和生物制品业、海洋船舶工业、海洋交通运输业发展态势强劲，增加值分别占全国的 55.4%、55.0% 和 44.2%；南部海洋经济圈海洋旅游业、海洋渔业、海水淡化与综合利用业优势突出，增加值分别占全国的 45.0%、44.9% 和 39.0%。山东、浙江和广东等持续推进海洋强省建设。深圳、上海、青岛、宁波、天津、大连和厦门等将建设现代海洋城市作为"十四五"时期重要任务，积极谋划推动。

三、海洋产业结构持续优化

2021 年，我国海洋三次产业增加值分别为 4119 亿元、30 960 亿元和54 442 亿元，分别占海洋生产总值的 4.6%、34.6% 和 60.8%。海洋渔业发展稳中有进，全年实现增加值 4117 亿元，比上年增长 4.4%；制造业发展持续向好，海洋产业链条不断延伸，带动海洋第二产业增加值同比增长 10.1%；海洋交通运输业实现大幅增长、海洋旅游市场稳步复苏，推动海洋第三产业逐步恢复。

四、市场主体活力逐步释放

2021 年，重点监测的海洋产业中新登记企业数同比增长 5.7%，注销、吊销企业数同比下降 5.1%。截至 12 月末，"蓝色 100"股票指数报收 2690.1 点，较 2020 年年末上涨 30.2%。全年海洋领域有 52 家企业完成首次公开募股（IPO）上市，融资规模 853 亿元，占全部 IPO 企业融资规模的 15.0%。

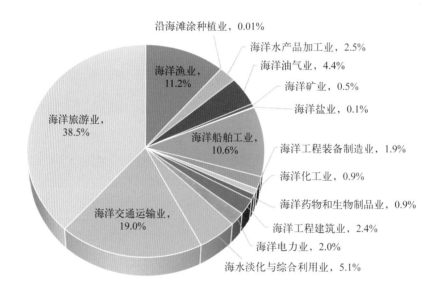

图 1.1　2021 年主要海洋产业增加值构成

第二节　海洋经济宏观调控与政策支持情况

一、海洋经济规划和管理体系不断完善

经国务院批复同意，国家发展和改革委员会（以下简称"国家发展改革委"）、自然资源部印发《"十四五"海洋经济发展规划》，明确

走依海富国、以海强国、人海和谐、合作共赢的发展道路，加快建设中国特色海洋强国，确定了"十四五"时期我国海洋经济发展的基本原则、发展目标、发展格局、重点领域和重大工程项目等，"十四五"时期海洋经济发展的路径更加明晰。沿海各省（自治区、直辖市）及计划单列市相继制定并印发地方海洋经济发展"十四五"规划，立足发展实际和特色，围绕落实目标任务，细化了"十四五"时期推动海洋经济高质量发展的具体措施。

二、重点领域支持政策更加丰富

2021 年，国务院有关部门相继出台支持政策，助力海洋重点领域提量增质、稳步发展。国务院印发《"十四五"现代综合交通运输体系发展规划》，从基础设施建设、科技创新、绿色低碳等角度进一步推进海洋交通运输业高质量发展。国务院批复同意印发《"十四五"旅游业发展规划》，要求完善邮轮游艇旅游等发展政策，推进海洋旅游等业态产品发展。国家发展改革委、自然资源部印发实施《海水淡化利用发展行动计划（2021—2025 年）》，从推进海水淡化规模化利用、提升科技创新和产业化水平、完善政策标准体系、保障措施等方面，对"十四五"海水淡化产业发展作出部署安排。农业农村部印发《"十四五"全国渔业发展规划》，明确着力推进传统养殖、捕捞、加工等产业转型升级，高起点谋划、高标准发展深远海养殖、海洋牧场等新业态新模式，统筹推动渔业现代化建设。同时，沿海地方政府积极出台多项政策举措，推动海洋交通运输业、海洋旅游业、海水淡化与综合利用业、海洋渔业等海洋产业高质量发展。

三、海洋经济发展试点示范进一步强化

2021 年，国家发展和改革委员会、自然资源部深入推进海洋经济发展试点示范工作，启动海洋经济发展示范区建设评估，总结试点示范工作开展以来的重要经验。海南省陵水黎族自治县创新"海洋旅游 +"多产业融合发展模式，举办一系列内容丰富的文旅赛事活动，做强做优"亲海消费"，"海洋旅游 +"渔业、教育、医疗、体育、文化等多产业融合发展，打造高端海洋旅游产业集群。江苏省盐城市推进陶湾海洋牧场建设，多功能综合管理休闲平台、人工鱼礁及其配套船艇等附属设施有序运转，初步形成湿地、滩涂等资源保护与开发利用新模式。青岛蓝谷高新技术开发区推进海洋科技资源集聚共享，打造海洋科技创新高地，编制《国家双创示范基地建设方案（2021—2023 年）》，成立青岛海洋科技创新创业联盟，联合国内外 300 余家科研院所和行业领军企业，推进区域内 52 家科研院所、高等学校科研力量优化配置。福建省福州市搭建金融机构与涉海企业对接平台，摸清全市涉海企业融资情况，向有关银行提供 108 家共 88 亿元涉海企业融资需求，截至2021 年年底，已有 28 家涉海企业获批贷款 3.28 亿元。

四、海洋经济运行监测评估体系逐步健全

持续开展海洋经济统计核算，自然资源部办公厅印发实施《2021年海洋经济运行监测与评估主要任务及分工》。加强海洋经济发展评估，开展月度、季度海洋经济运行情况分析，发布《2020 年中国海洋经济统计公报》《中国海洋经济发展报告 2021》《2021 中国海洋经济发展指

数》等产品，服务宏观经济调控，有效引导社会预期。

第三节　海洋科技创新与转化应用发展情况

一、海洋关键技术实现新突破

2021 年，我国首套完全自主知识产权的深海矿产混输智能装备系统"长远号"成功研制并顺利海试，成为我国深海采矿技术发展史上的重要里程碑。以"蛟龙"号、"深海勇士"号、"奋斗者"号载人潜水器为代表的深海重大装备执行系列专项任务，实现了业务化运行，服务并支撑 50 余家用户在深海科考、救援打捞、资源勘探、装备海试应用等方面取得了一系列重要的科考成果，为对比开展不同深渊特种环境、地质与生命等多学科研究提供了宝贵的数据和样品。自主研发的质量守恒海洋温盐流数值预报模式"妈祖 1.0"投入业务化试运行。我国大吨位沉船打捞技术实现重大突破，海面下 60 米以浅的沉船整体打捞吨位已达到 5 万吨，沉船打捞技术已在世界打捞行业内公认达到领先水平，并占据较大市场份额。自主实施的首次深水犁式挖沟机海试作业圆满成功，填补了我国该领域技术空白。2021 年 9 月，福建平海湾海上风电工程实现了海上风电新型桩——桶复合工程技术嵌岩单桩的全球首次应用。国产全平台远距离高速水声通信机突破全球最高指标。研发的高精度北极冰—海—气—陆卫星遥感产品和冰—海—气全耦合数值预报产品，成功开展北极海冰中长期预测和东北航道海冰监测，服务年度东北航道商船航行。

二、海洋科技创新平台加快建设

自然资源部批准建设一批海洋领域重点实验室，涵盖海洋测绘、海洋观测、海洋空间资源管理、海洋信息、海洋生态预警与保护修复、海洋生态系统与生物资源等，为我国海洋科技发展提供重要支撑。国家海洋综合试验场建设加快推进。国家海洋综合试验场（威海）正式挂牌，并初步具备业务化运行能力，重点打造检验检测、科技研发、生产制造、教育培训、人才培养和服务保障六大基地。全国唯一的海洋中药领域特色重点实验室"国家药品监督管理局海洋中药质量研究与评价重点实验室"获批运行，为实现海洋中药的靶向性和有效性监管及质量控制提供技术支撑体系和创新平台。国家海洋渔业生物种质资源库揭牌运行，致力于打造国家水产种业共性关键技术创新中心。同时，一批省市级和企业级海洋创新平台体系相继成立运行，推动沿海地方和有关企业技术研发及产业化步伐加快。

专栏1 国家海洋综合试验场建设

按照公益、开放、共享、服务的原则和"北东南，浅海＋深远海"的规划布局，自然资源部和山东、浙江、广东、海南等省政府积极推进部省建设运行威海、舟山、珠海和深海（三亚）国家海洋综合试验场工作，为海洋仪器设备的试验、测试、评估和关键技术验证提供技术支撑，推动产业发展、业务应用与科技创新。

第四节　海洋资源管理与生态环境保护情况

一、海洋资源管理有力有序

加大对海域海岛使用的规范性管理。推进省级海岸带综合保护与利用规划编制工作，印发《省级海岸带综合保护与利用规划编制指南（试行）》。强化海域使用论证事中事后监管，出台《自然资源部关于规范海域使用论证材料编制的通知》《自然资源部办公厅关于进一步做好海域使用论证报告评审工作的通知》，明确论证材料编制和论证评审要求。完成全国养殖用海调查，全面查清我国养殖用海的空间分布、审批状态和用海主体现状。开展海上风电用海管理专项检查，落实开展风电用海问题分类处置。在严格围填海管控的前提下，有效保障国家重大项目落地，重点保障核电、油气、液化天然气（LNG）等基础设施建设用海需求。严格审核新增围填海项目，推进围填海历史遗留问题处理。严格把关海洋工程准入，编制《围填海项目环境影响评价文件审批原则》，进一步规范海洋工程建设和项目环境影响评价审批，为做好"六稳""六保"工作提供有力支撑。研究制定全民所有自然资源（海洋资源）资产所有权委托代理机制试点工作方案，明确中央政府行权范围和职责。建立无居民海岛开发利用管理系统，开展"和美海岛"创建示范活动，制定《和美海岛创建评审管理办法（试行）》《和美海岛评价指标》。

二、海洋生态环境保护不断强化

一是加强海洋生态环境保护顶层设计，编制印发《"十四五"海洋生态环境保护规划》和《重点海域综合治理攻坚战行动方案》，以海洋生态环境持续改善为核心，聚焦陆海污染防治、生态保护修复、环境风险防范和美丽海湾建设等方面，明确重点任务措施，着力推动近岸海域生态环境改善与美丽海湾建设。二是统筹推进"十四五"海洋生态预警监测体系建设及相关任务实施，先后印发《自然资源部办公厅关于建立健全海洋生态预警监测体系的通知》《全国海洋生态预警监测总体方案（2021—2025年）》。全面总结全国珊瑚礁、滨海盐沼、海草床生态现状调查成果，对西沙珊瑚礁、曹妃甸海草床和乐清湾盐沼等20余个典型生态系统实施跟踪监测及试点预警。三是持续开展海洋生态保护修复工作，印发《海岸带生态保护和修复重大工程建设规划（2021—2035年）》。截至2021年年底，累计实施58个"蓝色海湾"整治项目、24个海岸带保护修复工程、61个渤海综合治理攻坚战生态修复项目。编制发布海岸带保护修复工程系列标准，初步形成了类型齐全、内容完整、技术相对完善的海岸带生态保护修复技术标准体系；印发《海洋生态修复技术指南（试行）》《红树林生态修复手册》，提高红树林、珊瑚礁、盐沼、海草床、海藻场和牡蛎礁等典型海洋生态系统，以及岸滩、河口、海湾、海岛等综合型生态系统修复工作的科学性和规范性，健全海洋生态保护修复制度。四是积极发展蓝色碳汇，首个海洋碳汇交易服务平台在厦门产权交易中心成立，首个"蓝碳"项目"广东湛江红树林造林项目"碳汇交易正式签约，在吸引社会资本投入蓝色碳汇生态系统保护修复、助力碳中和方面发挥示范引领作用。

三、海洋防灾减灾工作稳步推进

全力做好海洋灾害预警预报，积极应对海洋生态灾害。一是发布实施新修订的《赤潮灾害应急预案》，组织对34个赤潮高风险区开展早期预警监测，全年共组织应对赤潮灾害58起。加强重大海上突发环境事件应急监测，及时组织开展应急处置，有效消除或减少对海洋生态环境的损害，持续组织评估其影响范围和对周边海洋生态环境的损害程度。二是在山东省和浙江省等地组织开展海洋灾害承灾体风险预警试点工作，定向制作并发布灾害预警单。拓展南海区域海啸预警服务保障，针对全球43次地震海啸事件制作发布77期海啸信息产品。成功应对台风"烟花"等18次海洋灾害过程，共启动海洋灾害应急响应31次，发布风暴潮、海浪警报283期。加强海上搜救漂移预测服务保障，为122起海上人员落水等突发事件提供搜救漂移预测服务170余期。三是提升海洋观测能力，通过国家重大专项建设增加8个岸基海洋观测站点，新布放各类浮潜标4套，我国自主设计的3000吨级浮标作业船和破冰调查船开始建造。部署运行海洋观测网设备动态管理系统，实时监控仪器设备运行状态，国家全球海洋立体观测网运行平稳，海洋站（点）实时观测数据传输到报率达98.7%，浮标数据到报率达93%。地方海洋观测资料入网站点数据的数值有效性超过95%，为海洋防灾减灾工作提供有力的数据支撑。

第五节　金融支持海洋经济发展情况

一、政府引导持续发力

有关部门加强政策引导，促进金融支持海洋经济高质量发展。自然资源部和深圳证券交易所连续 6 年举办海洋中小企业投融资路演系列活动，引导海洋产业与多层次资本市场对接。中国人民银行、国家发展改革委和中国证券监督管理委员会联合发布《绿色债券支持项目目录（2021 年版）》，涉及绿色船舶制造、船舶港口污染防治、海上风力发电装备和海洋可再生能源开发利用装备制造、增殖放流与海洋牧场建设和运营、海水淡化与综合利用以及海域、海岸带和海岛综合整治等多项海洋领域项目。

二、涉海信贷服务及产品不断优化

金融机构通过优化服务、创新海洋特色信贷产品等方式支持海洋经济创新发展。如兴业银行大连分行为水产品加工和进出口企业提供押汇业务服务，中国邮政储蓄银行大连长海支行以线上"极速贷"解决了海洋渔业养殖户贷款遇到的时间和空间难题，青岛银行发布首款蓝色金融理财产品，嘉兴银行海盐支行、宁波北仑农村商业银行、厦门国际银行福州分行等投放海域使用权抵押贷款。此外，多地探索开展"海洋碳汇贷"，如兴业银行青岛分行以胶州湾、唐岛湾湿地碳汇收益权为质押向企业发放贷款，用于沿海湿地保护；中国农业银行山东省分行、浙江洞头农商银行、防城港市区农村信用合作联社等以藻类养殖企业的海洋碳汇收益权为质押向企业发放贷款，助力绿色海水养殖。

三、蓝色债券市场继续发展

上海证券交易所和深圳证券交易所分别发布上市公司债券业务指引，明确提出"募集资金可用于支持海洋保护和海洋资源可持续利用相关项目，发行人在申报或发行阶段可以在绿色债券全称中添加'蓝色债券'标识"。截至 2021 年年底，我国境内已发行 7 期贴标蓝色债券，涉及国电电力发展股份有限公司等多家发行主体，募集资金 39 亿元，主要用于海水淡化、海上风电及海洋资源可持续利用领域项目。中国船舶租赁通过境外市场发行 5 亿美元绿色和蓝色双标签债券，用于支持发展绿色船舶租赁业务。

四、航运服务能力逐步提升

航运服务体系持续优化，航运指数系列产品不断丰富，为航运业发展提供更完善的金融服务。上海航运交易所发布上海出口集装箱结算运价指数（SCFIS）——上海至欧洲航线，并通过了审计机构关于国际证监会组织《价格报告机构原则》的鉴证。青岛市积极布局航运金融服务，《青岛市"十四五"金融业发展规划》围绕建设国际航运贸易金融创新中心作出部署，提出拓展航运金融，发展服务于航运贸易的融资、保险和结算业务。浦发银行青岛分行为《区域全面经济伙伴关系协定》（RCEP）青岛经贸合作先行创新试验基地涉及的船舶融资、船舶修造和资金结算等经济活动提供金融服务，助推基地项目发展。

宁波市着力打造现代航运服务高地，推进国家保险创新综合试验区建设，促进专业航运保险机构东海航运保险公司完成股权改革，丰富航运保险服务种类，提升港航金融服务效能。

五、多元化投融资渠道不断拓展

投资基金、融资租赁等多元化投融资渠道不断拓展，为推进海洋经济高质量发展增添动力。多地纷纷设立聚焦海洋产业的投资基金，如山东港口与招商局资本作为主要投资方成立陆海联动投资基金，基金总规模为100亿元，山东省、青岛市、青岛西海岸新区三级新旧动能转换引导基金等出资支持，采取"母基金＋子基金"的运作架构与市场化运营机制，重点投资海洋装备、智慧港航、高端港航服务等领域。在融资租赁方面，浙江浙银金融租赁股份有限公司为远洋渔业提供专业船舶融资租赁服务，并联合舟山市有关投资公司推出以融资租赁和股权投资相结合的创新服务方式"投租联动"，破解海洋产业创新型小微企业融资难题。

六、海水养殖保险力度日益加大

多地创新海水养殖保险产品，开展政策性保险，为产业发展提供了更为完善的风险保障。在海水养殖保险产品方面，中国人寿财产保险股份有限公司在山东省威海市推出海域海表温度指数海参养殖业保险，太平财产保险有限公司在山东省烟台市推出鲍鱼波高指数保险，福建省渔业互保协会持续推进海水养殖物价格指数保险，中国人民财产保险股份有限公司在广西壮族自治区钦州市落地牡蛎价格指数保险，中国太平洋财产保险股份有限公司海南分公司落地"养殖工船"鱼养殖保险。政策性保险方面，山东省日照市对投保海洋牧场巨灾保险给予财政支持，广东省湛江市落地政策性海水网箱风灾指数保险，广东省阳江市落地政策性对虾养殖气象指数保险，广东省揭阳市落地政策性鲍鱼苗台风灾害及价格指数综合保险。

第六节　海洋经济对外合作情况

一、持续拓展蓝色伙伴关系

初步举办第七届中国—东南亚国家海洋合作论坛、亚太经济合作组织（APEC）蓝色经济论坛，编制蓝色伙伴关系行动计划，进一步推动中国—东盟蓝色经济伙伴关系的构建。与巴基斯坦签署共建海洋卫星遥感地面站协议，与瓦努阿图签署海洋合作文件，举办中国—太平洋岛国"合作共赢、共同发展"论坛，推动建立中阿（阿根廷）海洋、南极和养护合作机制与中韩黄海大海洋生态系治理机制。召开首届中国—太平洋岛国渔业合作论坛，达成《广州共识》，深化了双方渔业合作。召开中德海洋科技合作联委会会议，确定多项合作项目。完成中国政府海洋奖学金年度招生计划，为发展中国家培养海洋青年学者，提升发展中国家自主发展能力。海洋信息国际合作持续深入，中国—欧盟海洋数据网络伙伴关系合作阶段性成果丰硕。

二、积极参与全球海洋治理

与 11 个伙伴国家在第七届东亚海大会共同签署《西哈努克部长宣言》。在第 31 次联合国教科文组织政府间海洋学委员会会议上，我国再次成功连任该委员会执行理事国。参与谋划"联合国海洋科学促进可持续发展十年"计划（以下简称"海洋十年"），与联合国教科文组织政府间海洋学委员会联合举办"海洋十年"中国启动会，编制中国行动方案。主办北太平洋海洋科学组织（PICES）年会和国际海洋科学研究委员会及中国海洋研究委员会年会；与国际海洋学院（IOI）续签《关于进一步加强海洋领域合作谅解备忘录》。主办亚太海洋仪器检测、海洋空间规划、蓝色碳汇、蓝色经济等国际研讨会。成功举办生态文明贵阳国际论坛海洋生态保护论坛。我国主持制定的首项海水淡化领域国际标准《海洋技术—反渗透海水淡化产品水水质—市政供水指南》和首项海洋调查国际标准《海洋环境影响评估（MEIA）—海底区海洋沉积物调查规范—间隙生物调查》正式发布。

主要海洋产业发展情况

第一节　海洋能源供给、水资源和食品安全保障能力持续增强

一、海洋油气业

1. 海洋油气增储上产持续发力

2021 年，海洋油气企业加大油气勘探开发力度，海洋油气资本支出预算同比增长约 20%，其中开发支出占比达 60%，勘探支出占比达 17%。在渤海发现探明地质储量超过 1 亿吨的大型油田垦利 10-2 油田，加快实现流花 29-2 气田、涠洲 11-2 油田二期、旅大 29-1 油田等项目投产，保障海洋油气产量持续增长。全年海洋油、气产量分别同比增长 6.2% 和 6.9%，海洋原油增量占全国原油增量的 78.2%，为保障我国能源稳定供给和安全发挥了重要作用。

2. 深海油气资源开发取得新进展

2021 年，我国海洋油气企业加快向深海进军步伐。我国自营勘探开发的首个 1500 米超深水大气田"深海一号"，在海南岛东南的陵水海域正式投产，标志着我国海洋石油勘探开发正式进入"超深水时代"。我国首个自营深水油田群流花 16-2 在珠江口盆地全面投产，水深 437 米，油田群高峰年产量将超过 350 万吨。

3. 海洋油气开发方式向绿色、智能化转变

为助力"双碳"目标实现，海洋油气业逐渐向绿色、智能化的方向发展。2021 年，曹妃甸 6-4 油田正式投产，该油田引入创新型环保设备，从源头控制污染物排海量，实现生产和生活污水零排海。我国首个海上油田群岸电应用项目渤海海域秦皇岛—曹妃甸油田群岸电

应用示范项目成功投产，标志着我国海洋石油工业向绿色、高效、智能化开发方向又迈出了坚实的一步。我国首个海上智能气田群东方智能气田群、我国首个海上智能油田秦皇岛 32-6 智能油田（一期）项目相继建成投用。

二、海洋电力业

1. 海上风电规模发展现成效

2021 年，我国加快海上风电项目建设速度，全年共有 56 个项目实现并网，新增并网装机容量 1690 万千瓦。全国新增装机主要分布在江苏、广东、福建、浙江 4 省，分别占比 36.2%、32.5%、14.1% 和 11.6%。截至 2021 年年底，全国海上风电累计并网装机容量 2639 万千瓦，跃升至世界第一位。全球首台抗台风型漂浮式海上风电平台"三峡引领号"在广东阳江海上风电场成功并网发电。

2. 海洋可再生能源规模化利用稳步推进

截至 2021 年年底，我国海洋可再生能源电站总装机容量约 8.8 兆瓦。潮汐能电站持续稳定运行，总装机容量保持在 4350 千瓦，年度并网发电量约 562 万千瓦时，累计并网发电量约 2.5 亿千瓦时。潮流能示范工程年度并网发电量约 15 万千瓦时，累计并网发电量约 477 万千瓦时。波浪能示范工程有序推进。2021 年 4 月，500 千瓦波浪能装置"长山号"在广东万山岛海域开展海试。

3. 海洋电力业标准与公共服务体系进一步完善

2021 年，海上风电领域正式发布实施《海上风电工程期风险评估指南》和《海上升压站钢结构设计、建造与安装规范》，海洋可再生能源领域发布实施国家标准 1 项，行业标准 1 项，通过全国海洋标准化技术委员会海域使用及海洋能开发利用分技术委员会（TC283/SC1）新增立项行业标准 1 项。国家海洋综合试验场建设进展顺利，为海洋能和海洋仪器设备提供海上试验与产业培育、试验测试与技术创新、实验室资质认可与标准体系等服务。

三、海水淡化与综合利用业

1. 海水淡化与综合利用业保持稳步发展

2021 年，海水淡化与综合利用业保持较快增长，实现产业增加值 313 亿元，同比增长 5.5%。科技支撑力量不断发展壮大，中国海洋学会海水资源利用专业委员会、山东海水淡化与综合利用产业研究院、国家海水利用工程技术（威海）中心相继成立或启用。自然资源部天津临港海水淡化与综合利用示范基地一期中试实验区完成竣工验收。

2. 淡化工程规模与海水利用总量逐步扩大

为解决水资源短缺问题，山东省、天津市和河北省等沿海省市积极推动大型海水淡化工程建设。截至 2021 年年底，全国共有海水淡化工程 144 个，工程规模 185.6 万吨／日，比 2020 年增加了 20.5 万吨／日。2021 年，沿海核电、火电、钢铁、石化等行业海水冷却用水量稳步增长。据测算，2021 年全国海水冷却用水量 1775.07 亿吨，比 2020 年增加了 76.93 亿吨，辽宁省、山东省、江苏省、浙江省、福建省、广东省年海水冷却用水量超过百亿吨。

3. 海水淡化对外合作不断拓展

我国海水淡化企业加快"走出去"步伐，积极在主要海水淡化市场国家承揽工程，海水淡化领域的国际交流合作也日益增加。2021 年，中国海水淡化企业承担的阿联酋阿布扎比塔维勒海水淡化项目运行产水，并签订沙特阿拉伯朱拜勒三期 B 独立海水淡化项目工程总承包合同；承担的阿联酋乌姆盖万海水淡化项目建成投产。中国膜工业协会和非洲中国合作与发展协会在"中非海水淡化与水资源利用合作发展国际论坛"上签订了战略合作框架协议。

专栏 2 山东滨州鲁北高新区 5 万吨 / 日海水淡化工程

该工程为 2018 年乡村振兴重大项目库项目及 2019 年山东省新旧动能转换重点项目，总建设规模 15 万吨 / 日，分两期建设，规模为 5 万吨 / 日的一期工程已于 2021 年 4 月建成并调试运行。项目采用碧水源科技股份有限公司开发的膜法海水淡化技术，工程取水以大唐国际发电股份有限公司电厂的冷却后余温海水作为原水，浓盐水通过管道排放至鲁北盐场进行提溴并晒盐，有效地提高了盐产品质量并达到零排放标准。

专栏 3 广东珠海桂山岛 1000 吨 / 日海水淡化工程

珠海桂山岛是万山群岛中开发最完善、居住人口最多的岛屿，也是万山区综合服务中心和珠海海岛旅游的重点岛屿之一。珠海桂山岛海水淡化工程位于桂山岛十一湾水库附近，项目总投资约 1149 万元，海水淡化厂占地面积约 600 平方米，取水泵房占地面积约 90 平方米。

海水淡化工程于 2021 年 4 月建成并调试运行,工程投产后海水淡化产品水进入珠海市桂湾供水有限公司用于市政供水,有效地缓解了桂山岛淡水资源严重短缺的压力。

四、海洋渔业

1. 持续推进渔业资源保护修复

综合平衡、统筹考虑现阶段渔业资源状况、渔民生产生活、地方监管能力等情况,农业农村部进一步优化完善海洋伏季休渔制度,统一了北纬 26.5° 以南海域休渔时间。出台海洋渔业资源养护补贴政策,明确对依法依规执行休渔等资源养护措施的国内海洋捕捞渔船给予适当补贴,解决渔民休渔期间的生活困难。投入中央财政资金近 4 亿元,带动全国投入放流资金约 10 亿元,放流各类水生生物 300 亿尾以上,改善了我国近海渔业资源状况,增强了海洋经济鱼类物种结构稳定性,提高了渔民整体收入。

2. 深远海养殖发展成效初显

积极推动养殖模式创新,深远海规模化养殖取得初步成效。获评"2021 中国农业农村重大新技术新产品新装备"的深远海大型管桩围栏养殖设施与装备,初步构建了陆海接力养殖新模式。大黄鱼深远海 3000 吨级中试船"船载舱养"系统建立,实现大黄鱼全程集约化高效养殖。深海养殖的首批大西洋鲑喜获丰收,实现了国产海水养殖大西洋鲑"零"的突破,成功收获 15 万尾成鱼。亚洲最大深海智能网箱"经海 001 号"提网收鱼,收获近 2 万千克成品黑鲪鱼。

3. 远洋渔业国际履约能力不断提升

首次派遣专业资源调查船开展公海渔业资源调查评估。正式部署实施公海自主休渔，首次实行公海转载观察员自主监管。全面实施远洋渔业企业履约评估制度，加强远洋渔船监督管理，严厉打击违法捕鱼，规范有序地发展远洋渔业。

4. 海洋牧场现代化建设加快推进

2021年，新增国家级海洋牧场示范区17个，海洋牧场建设纳入"十四五"渔业发展补助政策支持范围。开展国家级海洋牧场示范区年度评价和复查，强化国家级海洋牧场示范区监督管理。海洋牧场建设与管理标准体系基本建立，我国首个海洋牧场建设国家标准《海洋牧场建设技术指南》正式发布。

第二节　新兴和前沿涉海产业有所突破

一、海洋药物和生物制品业

1. 海洋药物研发取得新进展

"海洋药用生物资源的挖掘与开发"成果荣获中国海洋学会海洋科学技术奖特等奖，该项目首次系统调查掌握了中国海洋药用生物资源状况，绘制了中国海区及典型生境药用生物分布图，创建了中国首个海洋药用生物资源库，填补了海洋药用生物资源研究的空白，形成了海洋药物领域大型志书《中华海洋本草》。抗血栓心血管疾病的海洋真菌来源环缩酚六肽类药物 ISE、抗人乳头瘤病毒（HPV）的海洋多糖类药物 TGC161、抗非小细胞肺癌的海洋真菌来源普那布林氘代衍生物药物 CMBT-001 正在开展系统的临床前研究。

2. 高端海洋生物材料产业化获得新突破

体内植入用超纯海藻酸钠完成国家药品监督管理局药品审评中心登记备案，成功打破国际垄断，实现国产化生产，可开发出用于治疗肿瘤、糖尿病、心力衰竭等疾病的高端医疗器械产品及生物医药制品。医用级壳聚糖原材料获得国家药品监督管理局医疗器械技术审评中心主文档登记备案，填补了国内空白。

3. 海洋药物和生物制品创新平台建设助推成果转化应用

集"资源保藏—活性物质挖掘与评价—产品研发—质量控制—中试放大—成果转化"为一体的产业公共服务支撑平台成功带动 14 项海洋生物医药科技成果转化，形成的微生态制剂、银离子消毒喷雾、虾病原三重荧光定量聚合酶链式反应（PCR）检测试剂盒等 8 种产品进入市场，烟用 FX-1 纤维素固态酶制剂在片烟、烟草薄片等生产中应用。

◯专栏4　体内植入用超纯海藻酸钠实现产业化

国产体内植入用超纯海藻酸钠获得国家药品监督管理局药品审评中心登记备案（登记号：F20210000344），打破美国杜邦公司旗下 Nova Matrix 系列超纯海藻酸钠 30 余年市场垄断，真正实现国产化。项目集成膜分离、高速离心、凝胶态除杂、亲和吸附等分离纯化单元组建多组分梯度洗脱体系，突破体内植入用超纯海藻酸钠规模化制备技术，建成国内首条体内植入用超纯海藻酸钠生产线，可高效去除市售食品级及药用级海藻酸钠中的蛋白质、多酚、内毒素等杂质。

国产体内植入用超纯海藻酸钠的产业化，解决了超纯海藻酸钠供应长期受外国公司"卡脖子"的问题，有效填补国内空白，生产线年产能为200千克，可满足100万人份肿瘤栓塞制剂、体内药物缓释制剂等产品供应需求，直接经济效益可达2亿元，带动下游藻酸盐植介入制品百亿元市场。

二、海洋信息业

1. 海洋信息基础设施加快建设

一批海洋新型基础设施项目建设取得新进展。我国首颗合成孔径雷达业务卫星C-SAR发射成功，海洋监视监测卫星星座初步形成；海南—香港海缆系统工程登陆海南文昌；全国首个5G基于2.1GHz的海面超远覆盖通信在山东省日照市海域开展试点，为海洋资源监管治理、渔民深海养殖等信息采集与回传提供了经济便利的通信手段；第二座"丝路海运"自动气象观测站在厦门港建成；国内首个海底数据舱成功建成。

2. 海洋观测监测设备实现新突破

一批新研制的海洋观测监测设备、系统陆续试验应用。用于海洋浮游生物原位监测的水下暗场彩色成像系统研发成功，在大亚湾海域进行海试；我国首套15米超大型智能剖面观测浮标系统正式运行，该设施的投入运行结束了我国东海近海海域缺少长期、定点、实时剖面水体观测设施的历史，大大增强了东海站的组网观测能力，提高了观测参数的丰富度。

3. 海洋信息服务能力进一步提升

海洋一号 D 卫星和海洋二号 C 卫星投入业务化运行，新一代全球高分辨率冰－海耦合再分析产品、海洋地理信息公共服务产品、北冰洋海洋环境遥感集成数据产品、全球高精度海洋风电空间数据、中国近海台风路径集合数据集等信息产品向社会发布共享，为我国海洋资源开发利用、海洋环境保护、海洋防灾减灾和全球气候变化研究等提供有力的支撑。

第三节　海洋优势产业综合竞争力持续巩固

一、船舶与海洋工程装备制造业

1. 企业生产经营持续向好，国际竞争力进一步增强

2021 年，国际航运市场呈现积极向好态势，全球新造船市场超预期回升，海工市场也随着能源价格的回升出现回暖迹象。在全球地缘政治和地缘经济都发生重大变化的背景下，我国海洋船舶产业平稳发展，全年实现增加值 870 亿元，同比增长 6.2%。新承接海船订单量、海船完工量和手持海船订单量分别为 2402 万修正总吨、1204 万修正总吨和 3610 万修正总吨，同比分别增长 147.9%、11.3% 和 44.3%，实现了"十四五"的开门红。造船三大指标继续保持全球领先。海工装备交付订单金额、新承接订单金额和手持订单金额占全球份额均超过 40%。骨干企业国际竞争能力增强，各有 6 家企业分别进入世界造船完工量、新接订单量和手持订单量前十强排行。

2. 结构调整成效明显，高端、绿色船舶取得新突破

2021 年，我国船舶企业迎合市场需求，加速高端、绿色船舶研发建造。承接化学品船、汽车运输船、海工辅助船和多用途船订单按载重吨计分别占全球总量的 72.7%、76.6%、64.7% 和 63.3%。液化天然气（LNG）运输船再添重器，国内首艘 17.4 万立方米浮式液化天然气储存及再气化装置（LNG-FSRU）和全球最大的 2 万立方米 LNG 运输加注船顺利交付，全球最新一代"长恒系列"17.4 万立方米 LNG 运输船获得四家国际船级社认证。新船型研发再上新台阶，氨燃料动力超大型油船、9.3 万立方米超大型绿氨运输船、国内首套船用氨燃料供气系统等研发工作有序推进。国产大型邮轮工程研制取得积极进展，首制大型邮轮顺利实现全船贯通、坞内起浮的里程碑节点。绿色动力船舶订单量不断提升，占全年新接订单的比例达到 24.4%，特种船舶 21 万吨 LNG 动力散货船、7000 车位双燃料汽车运输船、甲醇动力双燃料 MR 型油船等也实现了批量订单承接。

3. 产品研发应用加速，产业链供应链安全性提升

2021 年，我国船舶配套产品研制取得新进展，部分项目实现批量装船。全球最小缸径的船用低速双燃料（奥托循环）发动机、B 型液货舱货物围护系统、超大型水下液压起锚机、R6 级海洋系泊链等项目和产品实现产业化应用；全球首台集成机载选择性催化还原系统（SCR）、可满足国际海事组织（IMO）第三阶段排放要求的 CX52 型船用低速柴油机成功发布并实现装船应用。受新冠肺炎防控影响，部分国外配套产品无法按时到厂，国内总装企业与配套企业积极配合，妥善做好产品替代和安装调试工作，保障了产业链供应链稳定。

专栏5 我国首艘大型浮式液化天然气储存及再气化装置（LNG-FSRU）正式交付

2021年7月，我国自主研发设计建造的17.4万立方米浮式液化天然气储存及再气化装置（LNG-FSRU）"TRANSGAS POWER"号正式交付。该装置将传统LNG运输船及传统路基接收站的所有功能集于一身，同时具备LNG运输、接收、储存及再气化功能。"TRANSGAS POWER"号是首制船交船，填补了国内在17.4万立方米FSRU上的空白。

专栏6 首制国产大型邮轮建造实现系列重大节点

2021年，我国首制国产大型邮轮实现全船贯通、坞内起浮两大里程碑节点，标志着该船从结构和舾装建造的"上半场"全面转段进入内装和系统完工调试的"深水区"，向实现2023年9月完工交付的总目标又迈出关键一步。同时，全船残余应力释放、首次测量重量重心等一系列关键工艺要素和技术指标的落实，也进一步验证了中国首制大型邮轮在设计、工艺、生产设备、总装建造等阶段取得的一系列重大科技成果。

专栏7　全球首座 10 万吨级深水半潜式生产储油平台——"深海一号"能源站交付起航

2021 年 6 月，全球首座 10 万吨级深水半潜式生产储油平台——"深海一号"能源站正式投产。"深海一号"能源站由我国自主研发建造，实现世界首创立柱储油、世界最大跨度半潜平台桁架式组块技术、世界首次在陆地上采用船坞内湿式半坐墩大合龙技术 3 项世界级创新，同时运用了包括 1500 米级水深聚酯缆锚系统设计与安装、30 年不进坞维修的浮体结构疲劳设计与检测等在内的 13 项国内首创技术。

二、海洋交通运输业

1. 海洋运输市场量价齐增

2021 年，我国海运贸易呈现快速增长态势，海运进出口总额同比增长 22.4%，海洋货物运输量同比增长 6.6%，海洋货物周转量同比增长 8.8%。我国沿海运输船舶艘数同比增长 5.2%，净载重吨同比增长 12.1%。受外贸市场的需求上涨，以及境外港口拥堵、全球物流周转效率降低影响，叠加苏伊士运河拥堵等突发因素，海运价格暴涨，航运公司实现可观盈利。全年中国出口集装箱价格指数均值同比上涨 165.7%，部分企业净利润翻番增长。

2. 沿海港口竞争力加快提升

2021 年，我国沿海港口生产保持较好发展态势，集装箱吞吐量同比增长 6.4%，货物吞吐量同比增长 5.2%，其中外贸货物吞吐量同比增长 4.6%，在保障国内外经济畅通方面发挥了积极作用。国际竞争优势持续彰显，全球十大货物港口中国占据 8 席，宁波舟山港连续 13 年位列全球第一。全球十大集装箱港口中国占据 7 席，上海港连续 12 年位列全球第一。2021 年，全球集装箱港口绩效排名前 10 位的港口中，中国占据 3 席。绿色智慧港口建设成绩显著，全球首个"智慧零碳"码头在天津港正式投产运营，全球首个顺岸开放式全自动化集装箱码头在山东日照港正式启用，广州港南沙港区成功应用商用高精度卫星 – 惯导组合导航系统，区块链无纸化放货平台在盐田、蛇口、南沙、大铲湾等港口应用，山东日照港启用首座电动集卡智能充换电站。

3. 航运服务业取得新进展

围绕航运枢纽中心建设，上海市、天津市、广州市相继发布《上海国际航运中心建设"十四五"规划》《天津市推进北方国际航运枢纽建设条例》《建设广州国际航运枢纽三年行动计划（2021—2023 年）》，明确提升航运服务发展的具体举措。沿海捎带政策取得突破，国务院同意在中国（上海）自由贸易试验区临港新片区内允许符合条件的外国、香港特别行政区和澳门特别行政区国际集装箱班轮公司利用其全资或控股拥有的非五星旗国际航行船舶，开展大连港、天津港、青岛港与上海港洋山港区之间，以上海港洋山港区为国际中转港的外贸集装箱沿海捎带业务试点。

专栏8　全球首个"智慧零碳"码头

天津港北疆港区 C 段智能化集装箱码头岸线总长 1100 米，共有 3 个 20 万吨级集装箱泊位，可满足目前世界上最大的集装箱船舶的靠泊和作业，年通过能力达 300 万标准箱，于 2021 年 10 月 17 日正式投产运营。该码头实现了四项全球首创，即全球首个真正基于 AI 的智能水平运输管理系统，全球首个实现车路协同超 L4 级无人驾驶在港口规模化商用落地，全球首个实现真正意义上 "5G+ 北斗" 融合创新的全天候、全工况、全场景泛在智能，全球首个实现绿色电力自发自用、自给自足，码头运营全过程零碳排放。据测算，新建成的 C 段智能化集装箱码头较同规模传统集装箱码头，人员减少 60%；减少集装箱作业倒运环节 50%；作业效率可达到 39 自然箱 / 小时；较现有的全自动化码头节能 17% 以上；较同等岸线自动化集装箱码头减少投资 30%。

第三章

各沿海地区海洋经济发展情况

第一节　北部海洋经济圈[1]

一、辽宁省[2]

1. 2021 年海洋经济发展成效

2021 年，辽宁省海洋经济加快恢复。全省海洋生产总值 4451 亿元，名义增长 5.7%。海洋三次产业结构比例为 8.2∶35.6∶56.2，海洋产业结构呈现"三二一"的倒金字塔式结构。海洋渔业、海洋化工业、海洋船舶工业、海洋电力业增势持续扩大，海洋油气业、海洋矿业、海洋盐业、海洋药物和生物制品业、海洋旅游业实现恢复性增长，海洋工程建筑业、海水淡化与综合利用业、海洋交通运输业受疫情冲击出现负增长。

《辽宁沿海经济带高质量发展规划》获国务院批复。推进港口整合，实现一体化运营，启动太平湾合作创新区建设。持续优化港口服务功能，大连港大港港区二码头邮轮泊位改扩建工程、盘锦港 10 万吨级航道工程、营口港鲅鱼圈港区钢杂泊位改造一期工程、锦州港航道改扩建工程等重点项目有序推进，中欧班列线路不断拓展，实现"三通道、五口岸"全线开通。海洋工程装备制造业实现新突破，全球首艘 LNG 双燃料超大型油船（VLCC）顺利下水，自主开发的"风帆技术"在超大型油船上成功示范应用。海洋电力业加快发展，庄河Ⅲ号 30 万千瓦海上风电项目实现全容量并网发电。

---

[1]　北部海洋经济圈指由辽东半岛、渤海湾和山东半岛沿岸地区所组成的经济区域，主要包括辽宁省、河北省、天津市和山东省的海域与陆域。

[2]　资料来源：辽宁省发展改革委、辽宁省自然资源厅。

2. 推动海洋经济发展主要举措

（1）加强海洋经济调研和规划引领

开展海洋经济重点课题调研，征求 9 个省直部门及沿海 6 市意见，起草完成《辽宁省发展海洋经济课题调研报告》；经多次向沿海 6 市、省直相关部门以及社会公众征求意见，编制完成《辽宁省"十四五"海洋经济发展规划》，并经省政府同意印发；结合《辽宁省国土空间规划》，启动《辽宁省海岸带综合保护与利用规划》的编制工作。

（2）设立海洋经济发展专项资金

2021 年，辽宁省级财政预算新增海洋经济发展专项资金 3 亿元，用于支持海洋产业项目的创新发展、改造升级、深度开发和培育壮大。为规范和加强海洋经济发展项目管理，提高资金使用效益，印发《辽宁省海洋经济发展项目与资金管理暂行办法》和《关于组织申报 2021 年促进海洋经济发展项目的通知》，确定 46 个项目为专项资金支持对象。

（3）促进海洋优势和新兴产业发展

沿海各市开展第四批海洋优势产业项目收集工作，核实前三批部分海洋优势产业项目实施进展情况，确定并发布第四批海洋优势产业项目 59 个，做好海洋优势产业项目库整理工作。梳理辽宁海水淡化发展情况及典型案例，分析制约海水淡化发展的瓶颈问题，提出"十四五"时期海水淡化产业链延链、补链、强链的意见建议，印发《辽宁省海水淡化利用发展实施方案》。加强海洋能利用研究，推动潮汐能开发利用试点工作，对潮汐资源分布进行调查。健全海洋科技创新体系，推进高端船舶、海洋工程、海洋渔业、海洋水产品加工等领域的科技攻关和成果转化。推进临港产业高端化与集聚化发展，完善港口产业链，打造临港高新产业集群。

（4）推进海洋经济统计核算与调查评估

编制《2020 年辽宁省海洋经济统计分析报告》。核算 2018 年至 2020 年沿海 6 市海洋生产总值数据，修订 2015 年至 2017 年数据，完成市级海洋生产总值核算数据备案工作。完善辽宁省第一次海洋经济调查涉海单位名录库，共享第四次全国经济普查和 2020 年度单位底册，组织开展涉海单位名录更新工作，完成辽宁省主要海洋产业涉海单位名录更新工作。

（5）服务保障重大涉海建设项目

全年审批用海面积约 7 万公顷。成立重大项目用海保障专班，全力化解围填海历史遗留问题。徐大堡核电 3 号、4 号机组项目用海面积 250 公顷、太平湾项目用海面积 693 公顷、绥中 36-1 油田续期项目用海面积 309 公顷相继获国务院批准，中国交通建设股份有限公司营口 LNG 接收站项目取得自然资源部用海预审意见。

二、大连市[①]

1. 2021 年海洋经济发展成效

（1）海洋第一产业发展态势良好

编制完成《大连市养殖水域滩涂规划》，释放渔业的空间势能。发挥国家级海洋牧场的示范带动作用。截至 2021 年年底，大连市海洋牧场面积达 3333 平方千米，共创建国家级海洋牧场示范区 22 处、市级海洋牧场 4 处。持续优化养殖品种结构。鼓励创建国家级水产遗传育

---

① 资料来源：大连市发展改革委、大连市海洋发展局。

种中心，全市共创建 4 个国家级水产原（良）种场，20 家省级水产良种场，建设国家级刺参、海胆水产种质资源场 2 个，贝类"育繁推"一体化示范场 1 个。

（2）海洋第二产业发展提质升级

加快推进水产品精深加工。截至 2021 年年底，全市已培育水产加工类产业化龙头企业 62 家，其中国家级 8 家、省级 31 家、市级 23 家。大力发展海上风电。截至 2021 年年底，全市已投产海上风电规模 105 万千瓦。

（3）海洋第三产业快速发展

全面推进大连东北亚航运中心建设。2021 年，新增 6 条内外贸集装箱班轮航线，远洋航线临时加挂 22 艘次，实现区域全面经济伙伴关系协定（RCEP）成员国核心港口全覆盖，开通至丹东、营口集装箱支线，开拓混矿环渤海中转业务，打造以大连为中心的支线中转平台和铁矿石组合港。贯彻落实中欧班列支持政策和资金管理办法，积极推动中欧班列常态化运行，相继开通大连至杜伊斯堡、大连至莫斯科别雷拉斯特、新西伯利亚至大连回程班列、大连经阿拉山口至德国班列等，2021 年共开行 121 列，完成集装箱量 1.2 万标准箱。

2. 推动海洋经济发展主要举措

（1）加强规划引领

中国共产党大连市第十三次代表大会提出"抢占海洋战略制高点，在建设东北亚海洋强市上实现新突破"的奋斗目标。明确提出推动海洋经济高质量发展，推进海洋经济体制机制改革。印发实施《大连市海洋经济发展"十四五"规划》，围绕大连现代海洋城市建设，从补链、强链、延链角度进行海洋产业体系设计，提出"5+5+3"的现代海洋产业体系整体架构。

（2）优化调整现代海洋渔业

出台《大连市关于加快推进渔业高质量发展的意见》，创建国家级海洋牧场示范区 5 处、升级水产良种场 6 家、申请审定水产新品种 1 个，增殖放流各类苗种 32 亿尾。引导近岸水产养殖业向深远海发展，鼓励深远海大型智能化养殖设施建设，印发实施《关于印发大连市 2021 年中央财政渔业发展补助项目实施方案的通知》。鼓励健康养殖模式，制定实施《关于印发大连市国家级水产健康养殖和生态养殖示范区管理细则（试行）的通知》《大连市 2021 年水产绿色健康养殖"五大行动"实施方案》，重点培育骨干基地 10 个。

（3）加快推动海洋旅游业复苏

出台《大连市促进邮轮经济和"海上游大连"发展实施方案》，加快编制《大连市邮轮经济发展规划》《"海上游大连"品牌策划》。加强与头部企业的战略合作，邮轮母港、新开航线、小平岛邮轮生态产业园、文旅度假综合体等项目加快推进。推出精品线路，丰富游客文旅体验，着力整合资源，精选大连市特色文化和旅游资源，整合推出亲海之旅线路 4 条，提升大连"浪漫海湾名城"品质旅游。

三、河北省①

1. 2021 年海洋经济发展成效

（1）海洋经济量质齐升

2021 年，河北省海洋经济总体平稳、稳中向好。全省海洋生

---

① 资料来源：河北省发展改革委、河北省自然资源厅。

产总值为 2744 亿元，名义增长 15.7%。海洋三次产业结构比例为
5.6∶39.0∶55.4。全省海洋产业体系不断完善，海洋产业增加值达到
1337 亿元，名义增长 17.3%。海洋传统产业加速转型，截至 2021 年年
底，创建国家级海洋牧场示范区 17 处。海洋新兴产业增势强劲，海洋
药物和生物制品业、海洋电力业增加值分别名义增长 19.1% 和 18.6%。

（2）涉海经贸合作持续深化

2021 年，曹妃甸综合保税区注册企业进出口 380 亿元，增长近两
倍。秦皇岛综合保税区注册企业进出口 139 亿元，增长 8.5%。秦皇岛、
唐山、沧州沿海三市进出口总额 2196 亿元，占全省外贸进出口总额的
40.5%。全省港口货物吞吐量 12 亿吨，同比增长 2.5%；港口集装箱吞
吐量 481 万标准箱，同比增长 7.6%；新增港口集装箱航线 4 条，总量
达到 67 条，其中新增外贸直航航线 2 条，总量达到 12 条，外贸内支
线保持 7 条。

（3）海洋资源能源稳定供给

2021 年，河北省审批出让海域 2283 公顷，有力地保障了重大项
目落地落实。全省海水产品产量 73 万吨，同比增长 11.3%，人均海水
产品产量 10 千克，较上年增长 1 千克,蓝色粮仓供应潜力进一步释放。
2021 年，河北省新投产 2.5 万吨 / 日海水淡化工程 1 个。截至 2021
年年底，河北已建海水淡化产能 34 万吨 / 日，全省全年海水淡化水
产量为 5901 万吨，较 2020 年增长 27.0%，有效地缓解了沿海地区水
资源短缺现状。

（4）海洋生态环境明显改善

开展入海河流和近岸海域水质提升专项行动，海洋环境状况稳定
向好。2021 年，全省近岸海域水质优良（符合国家一类、二类海水水

质标准）比例达到 94.1%，12 个国考河流入海口断面水质全部达到Ⅳ类及以上水质标准，其中Ⅲ类及以上水质标准断面 7 个，较 2020 年提升 8.3%。在旅游旺季，秦皇岛市 13 条主要入海河流水质全部达到Ⅰ类及以上水质标准，8 个主要海水浴场全部达到国家一类海水水质标准。完成秦皇岛市海岸带保护修复工程等治理任务，累计修复岸线 20 千米、滨海湿地 1243 公顷，批复设立了河北乐亭滦河口省级湿地公园。

2. 推动海洋经济发展主要举措

（1）强化规划引领

编制《河北省海洋经济发展"十四五"规划》，构建优势特色全面彰显的海洋经济布局。对深化改革开放、加快港口转型升级、做大做强海洋产业、加大项目建设力度等提出明确要求，并积极推进土地、资金等资源要素保障事项落实。

（2）完善工作机制

河北省沿海经济带发展工作领导小组建立了巡回调度服务机制，全年梳理需国家和省级层面协调解决的重要事项 33 项，已解决 14 项。深入研究开发渤海"液体矿山"，谋划打造盐化工、石油化工、煤化工产业相互融合、链间配套的合成材料和精细化学品生产体系，探索总结科技金融赋能、大型重型企业科技成果应用持续转化等经验，示范引领装备制造等传统产业升级改造。河北省建立了沿海地区发展监测指标体系，确定地区生产总值等 4 类综合指标，海洋经济发展、经济外向度等 6 类 14 项特别关注指标，加强动态监测分析，为壮大海洋经济、加快沿海地区高质量发展提供参考依据。

（3）支持科技创新

组织开展海洋关键核心技术攻关，实施资源与环境创新专项，支持立项一批重点项目，部分关键技术、产品实现国产化。开设"高企空中课堂"，建立河北省海洋工程用钢重点实验室和河北省海洋构筑物腐蚀防护产业技术研究院，海洋相关领域高新技术企业达到12家，海洋领域创新主体平台不断壮大。推动形成了一批高水平科研成果，极地船舶关键材料与制造技术开发及推广应用、河北省海洋环境遥感业务化监测关键技术研究与应用等成果获河北省科技进步奖三等奖。

（4）推动项目落地

为推动沿海经济发展，河北省举办了重点招商产业重点招商项目秦皇岛专场推介会、"2021跨国企业河北行"等系列商务活动，签订了一批亿元以上重点项目，促进了海洋产业发展。黄骅港综合港区9号、10号通用泊位，曹妃甸片区华能6号泊位等项目相继开工建设。

四、天津市①

1. 2021年海洋经济发展成效

2021年，天津市海洋经济呈现复苏态势，海洋生产总值恢复至5175亿元，名义增长18.8%，海洋三次产业比例为0.2：41.4：58.4。

（1）海洋新兴产业实现突破式发展

海水淡化和海洋装备制造等新兴产业发展步伐不断加快，激发了海洋经济发展的新动能。2021年，天津市将海水淡化水纳入全市供水计划，全市淡化海水利用量达到4000万吨。临港海水淡化与综合利用示范基地完成基本建设；天津南港工业区海水淡化及综合利用一体化项

---

① 资料来源：天津市发展改革委、天津市规划和自然资源局。

目启动建设。海洋装备制造业呈现突破式增长,产业规模超过 500 亿元,同比约翻两倍。140 米级超大型打桩船"一航津桩"建造完成,混合动力波浪滑翔机、波浪海水水体剖面观测平台工程试验样机研制成功。开展鲨试剂相关产品开发与应用研究,全年鲨试剂相关申请专利 24 项,授权 13 项。开展船舶离岸租赁业务,推动"互联网 + 航运"模式发展,搭建北方国际航运交易市场。天津财产保险业通过与航运业相关的船舶保险提供风险保障资金 3001 亿元,同比增长 24.1%。成立了港航气象服务中心,搭建完成自主化港航气象服务保障系统。完成北疆港区 C 段智能化集装箱码头两台 4.5 兆瓦分布式风机并网,年发电量 2188 万千瓦时,年减少碳排放约 2 万吨。

(2)海洋优势产业地位不断巩固

海洋交通运输业、海洋旅游业、海洋油气业等优势产业,克服新冠疫情等不利因素影响,实现了逆境中的"爬坡过坎"。2021 年,港口集装箱吞吐量实现 2026 万标准箱,同比增长 10%,海铁联运量首次突破 100 万标准箱。中蒙俄经济走廊集装箱多式联运示范工程被交通运输部、国家发展改革委命名为"国家多式联运示范工程"。天津港北疆港区 C 段智能化集装箱码头工程正式投入运营,成为世界首个"智慧零碳"码头。首套国产化浅水水下井口与采油树海试成功。依托渤海油田和大港油田,海洋原油产量超过 3000 万吨,为我国能源安全提供有力保障。渤化"两化"搬迁一期项目已陆续投产。中国石化集团公司 120 万吨 / 年乙烯及下游高端新材料产业集群项目落户,南港乙烯项目开工建设。国家海洋博物馆、东堤公园、南湾公园等一批文旅项目集中开放,推动天津市成为京津冀地区海洋文旅重要目的地。

（3）海洋传统产业加快转型步伐

海洋渔业、海洋化工业、海洋船舶工业等传统产业，深入探索实践转型发展和绿色发展模式。一是海洋渔业方面，不断优化养殖品种结构，扩大半滑舌鳎、南美白对虾等名特优海珍品养殖规模。科学实施增殖放流，2021年累计在渤海湾近岸海域放流鱼、虾、蟹、贝等各类苗种13亿单位，放流品种达十余个。二是海洋化工业方面，建成5000吨/年智能大棚盐装置，试验启动了工业精制食盐和食用盐联动的生产模式，高端产品研磨盐、罐装盐已经在多地区铺市、回转销售。长芦汉沽盐场建设水产园区，被纳入滨海新区现代农业产业园，试养殖了南美白对虾和金刚虾，通过抖音平台直播、盐文化旅游等契机进行销售。三是海洋船舶工业方面，持续推动天津临港造修船基地技术中心建设，研制多型无人艇系统，"北极液化天然气2号"（Arctic LNG 2）项目首个模块（ESS模块）顺利交付。根据中国船舶集团有限公司总体规划及大连船舶重工集团有限公司"一总部四基地"总体布局，组建中船（天津）公司，未来作为大型集装箱船、滚装船等大型民用船舶建造基地。

（4）海洋科技创新能力显著增强

海洋科技支撑海洋经济发展的作用日益凸显，涉海专业、学科建设不断加强，人才培养质量和数量稳步提升。一是海洋重大关键技术不断突破。开发倒超短基线定位仪、多种绿色环保的海洋防污涂层，完成适用于大型海水淡化工程的膜组件、高压泵和能量回收装置技术开发，完成海上稠油热采锅炉给水处理系统装备技术开发。二是健全海洋科技创新平台。组建天津市海洋环境监测与治理产业技术创新战略联盟，国家重点研发计划项目"海气界面观测浮标国产化技术研究"

完成海上示范应用，天津临港海水淡化与综合利用创新研发基地一期中试实验区通过验收。三是完善海洋创新及成果转化机制。依托高校、科研院所、企业完善建设市级涉海重点实验室9家，共建产学研企业重点实验室6家。

（5）海洋生态环境与资源开发利用不断向好发展

一是海洋生态环境质量明显改善，天津港保税区临港区域中港池北部岸线2千米生态廊道建设完成，海洋自然保护地面积占管辖海域面积比重约10%，远远超过2020年的1.6%。推进海洋生态保护与修复。2021年9月，生态海堤中北堤防潮工程开工建设，天津滨海国家海洋公园获国家林业和草原局批复设立，永定新河入海口滨海湿地、汉沽八卦滩湿地、大神堂近岸海域等生态敏感和脆弱地区、国家海洋公园补划入海洋生态红线。二是强化海域空间资源集约节约利用。落实国务院《关于加强滨海湿地保护 严格管控围填海的通知》，将海洋功能区划纳入天津市国土空间总体规划。三是实施陆海统筹的海洋环境综合治理。深入实施入海排污口排查整治专项行动，完成《天津港建设世界一流绿色港口指标体系》修订工作并正式印发，建成天津海域船舶尾气排放遥感监测系统，完成"天津市渤海湾海漂垃圾路径预测预报基础研究项目"30个沿海监控点位和视频监控平台的建设工作。四是加快海洋产业绿色低碳发展。天津港新增港口作业机械优先使用清洁能源，启动并推进设计一型大挖深环保专用绞吸挖泥船（最大挖深50米）、一型DOP泵深水环保挖泥船（最大挖深100米）、一型劲马泵深水环保挖泥船（最大挖深100米）。建立了波浪能、潮流能发电装置实时海况环境观测系统和电力测试系统。

（6）海洋经济开放合作进一步深化

海洋经济开放合作逐步深入，海水淡化与综合利用业、海洋工程建筑业等顺利承接共建"一带一路"国家重点项目，与海上丝绸之路沿线国家进出口额超过 2000 亿元。天津经二连浩特到欧洲出口方向每周一列的图定班列获批，海铁联运、国际中转集拼功能业态进一步完善。

2. 推动海洋经济发展主要举措

（1）加强海洋领域规划引领

印发实施了《天津市海洋经济发展"十四五"规划》及其任务分工和重点项目清单。强化海域海岛科学管控，组织编制《天津市海域海岛保护利用规划（2021—2035 年）》，形成规划初稿。滨海新区政府研究编制滨海新区海洋产业规划，启动编制《天津市滨海新区海岸带保护与利用规划》。扎实推进海洋牧场建设，编制《天津市现代化海洋牧场建设规划（2021—2025 年）》。

（2）做好海洋经济统计监测与评估

组织开展全市海洋经济统计核算，编制海洋经济运行分析评估报告。开展海洋经济监测与评估系统运行维护，保障与国家有关部门实时对接。进一步加强海洋经济监测质量控制，印发《天津市规划资源局关于海洋经济监测评估数据和资料质量控制及传输方式有关事项的函》。获取第四次全国经济普查后全市涉海清查底册，编制天津市清查底册核实方案，开展主要海洋产业名录审核和认定等工作。积极拓展数据渠道，完善《滨海新区海洋生产总值核算研究报告》，并按照国家要求开展数据核算。健全实施机制，拓展直报节点，开展海洋经济季度评估分析，更新天津市海洋经济活动单位名录，开展滨海新区范围内的海洋经济核算研究。

（3）海洋经济管理水平得到提升

一是加强组织协调。天津港保税区推动天津海洋装备产业（人才）联盟发展，加快拓展联盟成员，印发联盟工作指引，打造线上线下协作共赢的产业新生态。二是加大支持力度。完成天津海洋文化旅游产业（人才）联盟成立的相关工作。三是引导多元投入。大力推进天津临港海洋经济发展示范区谋划储备重大项目。争取中央海洋生态修复项目专项资金4亿元，其中已下达滨海新区资金2.5亿元。

（4）落实涉海领域共建"一带一路"国家等相关任务

加快推进海洋领域共建"一带一路"国家建设工作。通过海洋经济创新发展示范城市项目支持天津海洋工程装备企业参与国际竞争。扩大与东盟、中亚、西亚地区的海水淡化与综合利用合作，积极服务重点项目建设。

五、山东省①

1. 2021年海洋经济发展成效

（1）海洋经济动能引领作用逐步显现

2021年，山东省海洋经济进入总量增长和效率提升新阶段，成为全省经济复苏和新动能增长的关键领域。全年海洋生产总值15 154亿元，名义增长16.4%。海洋三次产业比例为5.9：43.6：50.5。

（2）海洋产业发展业态日益向好

一是海洋传统产业优势持续巩固。"梦想号"海底勘探船、"蓝鲲号"

---

① 资料来源：山东省发展改革委、山东省海洋局。

海上设施一体化安装拆解装备等海工重器的设计建造取得新进展，全球首座 10 万吨级深水半潜式生产储油平台"深海一号"在烟台交付使用，深海养殖装备创造了温暖海域养殖大西洋鲑的成功案例。新认定 5 处国家级海洋牧场示范区，总数达 59 处，占全国的 39.3%。二是海洋新兴产业发展迅速。海洋药物和生物制品业蓬勃发展，抗肿瘤海洋创新药物 BG136 即将进入临床试验。海水淡化产业加快发展，淡化海水纳入水资源配置统一体系，全省已建海水淡化工程 40 个，产能规模达 45.1 万吨／日，为沿海城市和海岛水资源供应提供了重要保障。

（3）港口整合效能持续凸显

持续深化港口一体化改革，形成以青岛港为龙头，日照港、烟台港为两翼，渤海湾港为延展的一体化协同发展格局。全省沿海港口全年完成货物吞吐量 17.8 亿吨、集装箱吞吐量 3447 万标准箱，同比分别增长 5.5% 和 8%。全省合作建设内陆港达到 26 个，海铁联运班列达到 76 条，完成海铁联运 256 万标准箱，同比增长 22.1%，居全国沿海港口首位。集装箱航线、外贸航线总量分别达到 313 条和 221 条，航线数量和密度均居我国北方港口第一位。

（4）绿色发展保障资源供给

蓝色粮仓供应能力稳步增强，全省海水产品产量同比增长 3.1%，国家级海洋牧场示范区增至 59 个。蓝色碳汇经济快速发展，海洋生态价值进一步实现。海洋能源供给力度不断增强，海洋原油、天然气产量同比分别增长 2.1% 和 31.6%。山东半岛千万千瓦级海上风电基地建设持续推进，沿海风电上网电量同比增长 30.6%。

（5）海洋科技创新驱动加快提升

省部共建国家海洋综合试验场（威海）挂牌运行。建成全球运算速度最快的 E 级超算中心，超高速高压水动力试验平台开工建设。累计建成全省海洋工程技术协同创新中心 124 家、现代产业技术创新中心 6 家。坚持海洋科技创新与体制机制创新"双轮"驱动，推行"揭榜挂帅"制度，激发海洋科技创新活力，新增涉海高新技术企业 132 家，总数达到 482 家。

（6）海洋生态保护修复质量显著提升

整治完成入海排污口 1.54 万个，占全部整治总量的 73.8%，全省近岸海域水质优良面积比例达到 92.3%。持续推进海洋生态修复项目，黄河口国家公园成为全国首个获批创建的国家公园。成立全国首个海洋负排放研究中心和海洋碳汇院士工作站，助力"双碳"目标实现。积极处置浒苔、互花米草灾害，打捞清理浒苔 181.38 万吨，治理互花米草面积 7600 公顷，维护了海洋生态安全。

2. 推动海洋经济发展主要举措

（1）海洋强省建设行动深入实施

编制印发《关于贯彻落实习近平总书记在深入推动黄河流域生态保护和高质量发展座谈会上的重要讲话精神 着力推动海洋经济走在前的实施方案》。山东省委、省政府印发《海洋强省建设行动计划》，实施新一轮海洋强省建设"十大行动"。山东省人民政府办公厅印发《山东省"十四五"海洋经济发展规划》，加快建设世界一流的海洋港口、完善的现代海洋产业体系、绿色可持续的海洋生态环境，推进山东海洋经济高质量发展。山东省人民政府办公厅印发《关于支持青岛西海岸新区进一步深化改革创新加快高质量发展的若干措施》。组织"山东海洋强省建设突出贡献奖"评选表彰，推动全省上下更加关心海洋、认识海洋、经略海洋。

（2）加速现代海洋产业集聚发展

山东省将"现代海洋产业"列入新旧动能转换"十强"产业，加快发展壮大海洋新兴产业，提升海洋传统优势产业。一是积极推进重点项目建设。围绕海洋高端装备、海洋药物和生物制品、海水淡化等新兴产业，筛选了10个由省级层面集中推进的现代海洋产业重大支撑性项目，总投资219亿元，全部开工建设。二是加快培育海洋优势产业集群。加大海洋产业"雁阵形"集群培育力度，青岛市船舶海工装备等4个产业集群被确定为"十强"产业"雁阵形"集群。三是实施补链、延链、强链工程。聚焦攻关一批制约海洋产业发展的"卡脖子"技术，实施现代海洋产业重大课题攻关工程。支持潍坊实施虾贝"双百亿元"全产业链工程，加快推进东营海洋石油装备产业链建设。推动威海实施海洋生物与健康食品产业集群高质量发展突破行动，加快建设30个重点项目。

（3）积极培育现代海洋产业人才

山东省创新开展泰山产业领军人才工程蓝色人才专项，采取"领军人才＋产业项目＋涉海企业"模式，面向海洋产业领域遴选领军人才团队，集中攻克一批重大关键技术，研发一批具有核心竞争力的新产品，培育一批涉海骨干企业，实现人才、科技、产业融合发展，充分发挥人才在海洋强省建设中的引领支撑作用。截至2021年年底，已支持领军人才团队29个，累计拨付省级资助资金3亿元。

六、青岛市[①]

1. 2021 年海洋经济发展成效

（1）海洋渔业平稳生产

2021 年，青岛市海水产品产量 101 万吨，其中，海水养殖 80 万吨，海洋捕捞 20 万吨。中国北方（青岛）国际水产品交易中心和冷链物流基地冷库项目一期工程和二期工程建成并投入使用。大西洋鲑规模化养殖实现零的突破。新获批灵山湾海域水产供销国家级海洋牧场示范区和斋堂岛海域敬武国家级海洋牧场示范区两处国家级海洋牧场示范区，全市国家级海洋牧场示范区总数达 18 处。

（2）船舶与海洋工程装备制造业有序发展

2021 年，青岛海西湾国家船舶与海洋工程产业基地实现开工在建大型海工装备合同金额 25 亿美元；交付新造船舶 17 艘，载重吨 268 万吨，全球首艘 10 万吨级智慧渔业大型养殖工船合拢。全球首台集超大功率、智能控制、绿色环保于一体的新型双燃料主机顺利交付，双瑞压载水设备市场占有率位居世界前列。海洋装备制造一期项目竣工投产，海上风电装备产业园项目一期厂房主体完工。潍柴（青岛）海洋装备制造中心项目开工建设。

（3）海洋新兴产业重点项目稳步推进

一是海洋药物和生物制品业发展迅速。2021 年，依托海洋特色国家生物产业基地，培育集聚重点企业，推动海洋科技谷、海洋生物产业园等一批项目加快建设。深入实施"蓝色药库"开发计划，BG136 海洋抗

---

① 资料来源：青岛市发展改革委、青岛市海洋发展局。

肿瘤药物即将进入临床试验，抗 HPV 病毒医疗器械已取得医疗器械临床试验备案表并进入临床研究，抗乙肝病毒药物 MBW1905 正开展临床前研究。二是海水淡化产业保持稳步发展。"十四五"期间，规划新增海水淡化产能 30 万吨／日，将海水淡化水作为城市补充水源和战略储备水源。2021 年，淡化海水利用量达到 3000 余万吨。加快百发海水淡化二期工程建设，累计完成项目总工程量的 80%，项目竣工后将新增 10 万吨／日产能。

（4）海洋旅游业实现复苏

2021 年，旅游市场快速复苏，接待游客 8221 万人次，同比增长 30.2%，实现旅游总收入 1411 亿元，同比增长 37.4%，海洋旅游业增加值同比增长 14.1%。在 2021 年宜居宜游城市竞争力排名中名列全国第二位。积极创建 AAAAA 级海洋旅游景区，将奥帆中心、海底世界两大 AAAA 级景区通过海陆线路有机串联，重新定义为"青岛奥帆海洋文化旅游区"，并进入国家 AAAAA 级景区创建名单。总投资 4 亿元的国家海洋考古博物馆落户青岛蓝谷，成为山东省首家"国字号"央地共建博物馆。

（5）海洋交通运输业再创佳绩

2021 年，新增集装箱航线 17 条，航线总数达到 190 条。青岛港完成货物吞吐量 6 亿吨，同比增长 4.3%；完成集装箱吞吐量 2371 万标准箱，同比增长 7.8%。海铁联运量达到 182 万标准箱，连续 7 年居全国沿海港口第一位。董家口港区大唐码头二期等 11 个港口项目加快建设，大唐码头二期主体已基本完工，完成总投资的 40%。新增内陆港 3 个，总数达到 21 个。山东国际航运交易所挂牌成立，船舶服务产业链加快形成。

2. 推动海洋经济发展主要举措

（1）推动海洋产业项目建设取得突破

集中推进总投资超过 2700 亿元的 95 个涉海重点项目建设，项目开工率 100%，全年完成投资 408 亿元、实现年度计划的 126.8%。海洋领域新签约项目 143 个，总投资 1426 亿元。

（2）推进海洋创新集聚发展

青岛海洋科学与技术试点国家实验室建设稳步推进，超算升级项目建设获科技部批复。中国科学院海洋大科学研究中心正式启用。中国海洋工程研究院（青岛）挂牌成立，"强核心＋大平台＋产业化"的科技创新机制加快形成，在崂山、西海岸和北京三地分别设有办公场所和研发基地，3 个孵化项目纳入省级重大科技创新工程项目。中国－上海合作组织海洋科学与技术国际创新中心加快建设。加快国家海洋技术转移中心、山东省海洋科技成果转移转化中心建设。2021 年，海洋技术合同成交额达 32 亿元，同比增长 12.2%。

（3）打造绿色可持续的海洋生态环境

坚持开发和保护并重，开展胶州湾污染物排海总量控制试点，8 条国考入海河流水质全部达标，近岸海域水质优良面积比例达到 98.8%。积极应对外来物种入侵，完成全域 1300 余公顷互花米草年度整治任务。妥善处置海上突发溢油事件、史上最大规模的浒苔绿潮灾害。

（4）创新"蓝色自贸"海洋经济统计调查体系模式

青岛市率先探索构建可复制、可推广的"蓝色自贸"海洋经济统计调查体系创新模式，充分借鉴吸收国家、省、市海洋经济统计制度和标准规范，立足青岛自贸片区实际，构建了功能区级海洋经济统计调查体系。在区域范围、制度设计、企业认定、资料搜集和核算方法等方面进行了创新。

第二节　东部海洋经济圈①

一、江苏省②

1. 2021年海洋经济发展成效

2021年，江苏省海洋经济的"蓝色引擎"作用持续发挥。全省海洋生产总值达8423亿元，名义增长14.2%。海洋三次产业结构比例为3.3∶41.6∶55.1。

（1）海洋传统产业稳中向好

一是海洋交通运输业实现较快增长。规模以上港口完成货物吞吐量26亿吨，同比增长4.4%；集装箱吞吐量2099万标准箱，同比增长14.4%。海运企业营业收入大幅增长，连云港中欧班列首次实现单一货种整列发运，盐城港至韩国釜山港国际直达集装箱班轮航线正式开航。二是海洋船舶工业稳步复苏。三大造船指标仍居全国之首，全年新承接订单量3621万载重吨，同比增长162.9%；手持订单量4840万载重吨，同比增长70.6%；造船完工量1643万载重吨，同比下降5.2%。重点监测的海洋船舶工业企业营业收入增长较快，全球首艘5000立方米双燃料全压式液化石油气（LPG）运输船和首艘获得CybR-G网络安全符号的油轮顺利交付，获评船舶行业首个国家级工业设计中心。三是海洋渔业转型升级持续推进。全年海水养殖和海洋捕捞产量合计130万吨，同比下降3.4%，省内首个国家级沿海渔港经济区落户盐城射阳，

___
① 东部海洋经济圈指由长江三角洲沿岸地区所组成的经济区域，主要包括江苏省、上海市和浙江省的海域与陆域。
② 资料来源：江苏省发展改革委、江苏省自然资源厅。

连云港秦山岛东部海域国家级海洋牧场示范区成功获批，连云港市被中国渔业协会授予"中国紫菜之都"称号。

（2）海洋新兴产业不断壮大

一是海洋电力业加速发展。截至2021年年底，海上风电装机容量累计达1184万千瓦，同比增长106.7%；全年海上风电发电量186亿千瓦时，同比增长65.6%。如东11个海上风电项目全部并网发电，建成亚洲最大的海上风电场。江苏沿海第二输电通道工程整体建成投运，盐城30万千瓦海上风电场成功并网。国内首个旋转流潮汐海域风电项目华能灌云海上风电场实现30万千瓦全容量并网发电。二是海洋工程装备制造业重点项目建设提速。中国石油首个钻井平台海上风电支持业务"中油海3"平台完成江苏大丰海域H8风场57号风机安装，世界最大、亚洲首座海上换流站在如东安装成功。我国自主建造的世界最大吨位、最大储油量的海上浮式生产储卸油船"SEPETIBA"号在南通交付离港。

（3）海洋服务业加快发展

海洋旅游业逐步回暖。全年沿海接待国内游客1亿人次，同比增长43.1%。连云港市印发《连云港市沿海发展2021年行动方案》，打造国际知名的海洋休闲旅游目的地。盐城市成功举办丹顶鹤国际湿地生态旅游节，中国黄海湿地博物馆完工。南通市成功举办中国南通江海国际文化旅游节。

2. 推动海洋经济发展主要举措

（1）积极加强规划引领

印发实施《江苏省"十四五"海洋经济发展规划》，提出到2025年全省海洋生产总值占地区生产总值比重超过8%；打造"两带一圈"

一体联动全省域海洋经济空间布局。编制《江苏沿海地区发展规划（2021—2025 年）》，2021 年 12 月获国务院正式批复。围绕规划实施，构建"1+1+3+3+8"规划实施体系。主要包括 1 个沿海规划，1 个省级实施方案，3 个市级实施方案，3 个专项规划和 8 个行动计划。组织开展海岸带综合保护与利用规划重大专题研究。

（2）强化海洋经济发展考核

深化海洋经济高质量发展考核指标体系研究，将海洋经济发展指标纳入沿海地区发展考核体系，确定将海洋经济发展对地区经济发展贡献率作为沿海三市个性化考核指标，明确指标内涵、计分规则、数据质量要求等，完成半年考核评估和年终考核评估工作。

（3）强化海洋经济监测分析

编制年度《江苏省海洋经济统计公报》《江苏省海洋经济发展报告》，全面分析沿海沿江海洋经济发展情况和存在的问题，提出海洋经济发展政策建议。开展江苏海洋经济发展指数研究，发布《江苏省海洋经济发展指数报告》。

二、上海市[①]

2021 年，上海市海洋生产总值达到 9621 亿元，名义增长 17.1%。海洋三次产业增加值比例为 0.1∶27.1∶72.8，海洋第三产业比例持续提高。"两核三带多点"的海洋产业布局日趋成熟，临港新片区与长兴岛海洋经济发展核心持续发力。

---

① 资料来源：上海市发展改革委、上海市海洋局。

1. 2021 年海洋经济发展成效

（1）海洋交通运输业持续向好

在国际市场需求持续扩大和国际运力持续紧张的供需双向带动下，2021 年，上海港集装箱吞吐量达到 4703 万标准箱，同比增长 8.1%；货物吞吐量 77 635 万吨，同比增长 8.3%；外贸货物吞吐量 41 489 万吨，同比增长 6.6%。国际航运中心影响力持续提升，根据《新华·波罗的海国际航运中心发展指数报告》，上海航运综合实力继续位列全球第三。国际合作取得新进展，顺利召开 2021 北外滩国际航运论坛，发布《航运低碳发展展望 2021》《全球航运景气指数》。绿色航运发展取得突破，由上海环境能源交易所颁发我国首张碳中和石油认证书。

（2）海洋船舶工业企稳回升

海洋船舶工业发展态势良好，新承接订单集中放量。全年造船完工 77 艘，共计 837 万综合吨；手持订单量 2275 万综合吨，同比增长 47.5%；新承接订单量 1511 万综合吨，同比增长 181.8%。高端船型研发、设计和制造能力持续加强，独立研发了"零碳"型氨燃料液化二氧化碳运输船，可实现全航程"零碳"运行。自主研发的船舶软件 HDSPD 6.0 打破国外在船舶三维 CAD 软件领域的垄断，填补了国内空白。全球首制"LNG 双燃料 + 电池混合动力 +EMS 能源管控"系统的汽车滚装船成功交付，可满足全球最严格排放标准。上海保险业积极服务上海国际航运中心建设，2021 年度实现船货险保费收入 45.65 亿元，赔款支出 24 亿元，提供风险保障约 16 万亿元。

（3）海洋旅游业市场逐步复苏

随着国内旅游市场逐步复苏，海洋旅游业开始实现触底反弹，其中本地休闲和近程旅游恢复较快。2021 年，星级饭店客房平均入住率达到 51.6%，同比上涨 13.8%。入境游仍受较大影响，全市接待国际旅游入境人数 103 万人次，同比下降 1.4%。邮轮旅游尚未恢复，但未来仍然具备较大潜力，中国最大的邮轮公司中船嘉年华（上海）邮轮有限公司正式落户上海宝山区。

（4）海洋可再生能源利用加速发展

2021 年，全市完成发电量近 12 亿千瓦时。国内首个竞争性配置海上风电项目奉贤海上风电项目的 32 台风机全部并网发电，预计每年可输送 59 640 千瓦时绿色清洁电量，节约标准煤约 18 万吨。

2. 推动海洋经济发展主要举措

（1）不断完善海洋产业体系

2021 年 12 月 1 日，上海市海洋局印发《上海市海洋"十四五"规划》，提出构建以新型海洋产业和现代海洋服务业为主导的现代海洋产业体系，完善"两核一廊三带"海洋产业布局等重点任务，目标是到"十四五"末期，高端海洋装备、海洋药物和生物制品等海洋新兴产业规模不断壮大，海洋科技支撑作用进一步提升，海洋创新要素不断集聚。

（2）积极服务涉海市场主体

积极创建海洋产业综合服务平台。聚焦海洋装备、海洋生物和智能制造等领域，探索建设政府引导、市场主体参与的海洋产业综合服务平台。依托平台联合有关部门共同举办"海洋高端装备产业对接会""海上应用场景落地""海洋碳中和"等主题的科技、融资交流活动十余场。支持金融机构推出"海洋信易贷"等信用类金融产品，重点支持尚处于产品研发推广阶段的小微企业。组织涉海园区和企业参展中国海洋经济博览会。大力支持符合政策导向、具备市场前景的企业落户。

（3）加强海洋经济运行监测

开展海洋经济统计和问卷调研，形成月度、季度、半年、年度等频次的海洋产业、涉海企业数据集和有关资料，编制形成海洋经济运行监测分析报告。完成海洋经济活动单位名录首次更新，进一步掌握了全市有关情况。开展海洋现代服务业发展走廊等研究工作，谋划海洋产业发展政策路径。

（4）广泛开展海洋宣传教育

举办以"共建新城，经略海洋"为主题的上海市"世界海洋日暨全国海洋宣传日"主场活动、上海海洋论坛。积极扩大海洋宣传途径，在人民广场站、江苏路站等 7 个地铁站点播放公益视频和布设海报。与中国航海博物馆合作打造上海首个"海洋展区"，长期向市民、中小学生展示海洋科普资源、海洋开发和海洋人文等海洋元素，进一步在全市范围内营造良好的海洋氛围。

三、浙江省①

1. 2021 年海洋经济发展成效

2021 年，浙江省海洋生产总值 9841 亿元，名义增长 13.2%，海洋三次产业比例为 5.3：38.0：56.7。

（1）舟山群岛新区建设有序推进

舟山群岛新区加快绿色石化、能源贸易消费结算、现代船舶、海

---

① 资料来源：浙江省发展改革委、浙江省自然资源厅。

洋电子信息、现代海洋渔业等九大产业链谋划，2021 年实现地区生产总值增长 8.4%，规模以上工业增加值增长 18.8%，外贸货物进出口额增长 41.8%，高新技术产业投资增速达到 33.9%。浙江自贸区舟山片区"一中心三基地一示范区"建设扎实推进，新增油品企业 1696 家，油品储备能力达 3399 万立方米，实现油气贸易额 7379 亿元，形成 4000 万吨年炼油能力，500 万吨 LNG 年接收能力。绿色石化基地一期工程和二期工程全面建成，4 个石化拓展区获省级部门批准，保税船燃油加注量达到 552 万吨，增长 16.8%，跻身全球第六大加油港。港口货物吞吐量突破 6 亿吨。

（2）陆海新通道建设稳步进行

畅通陆海统筹新通道，深入推进义甬舟开放大通道建设及西延行动，2021 年开行中欧班列 1904 列，同比增长 36%。金甬铁路、甬金衢上高速、义乌苏溪集装箱办理站等项目建设加快推进，宁波—舟山、金华—义乌双核枢纽功能提升，形成陆海统筹、东西互济的双向辐射格局。山海协作新机制建立，加快推进山海协作工程 2.0 版，推动 16 个"产业飞地"签订共建协议，实现 30 个"消薄飞地"山区 26 县全覆盖，在杭州、嘉兴等地集中布局"科创飞地"。滚动实施产业项目 300 个、实现投资 400 亿元以上，构建"山""海"项目共引、产业共建协作新格局。

（3）世界一流强港建设步伐加快

以宁波舟山港为主体，以浙东南沿海温州、台州两港和浙北环杭州湾嘉兴港等为两翼，联动发展义乌陆港和其他内河港口的"一体两翼多联"的港口发展新格局，提升浙江港口的综合实力、整体竞争力和对外影响力。宁波舟山港获我国港口界首个中国质量奖。2021 年，宁波舟山港航线数量创下 287 条的历史新高，其中"一带一路"航线达 117 条。完成货物吞吐量 12 亿吨，连续 13 年位居全球第一，完成集装箱吞吐量 3108 万标准箱，位居全球第三。

（4）"蓝色海湾"整治行动成果显著

成功申请 4 个中央财政支持海洋生态保护修复项目（含宁波），获得中央财政资金支持 9.5 亿元，位居全国前列。形成了梅山万人沙滩、普陀百年渔港、洞头沙滩民宿整治等一批样板工程。2021 年 10 月，洞头"蓝色海湾"整治行动入选《中国生态修复典型案例集》，并被中央广播电视总台《焦点访谈》《新闻联播》等国家级媒体栏目报道。

（5）海岛保护与开发综合试验进展顺利

强化领海基点海岛常态化监视监测，对舟山范围内的海礁、东南礁、两兄弟屿 3 个领海基点实施巡查、监视监测，切实维护海洋权益。实施海岸线常态化监视监测工作，准确掌握全市 141 个有居民海岛、2000 余千米海岸线长度、类型等基本情况及其动态变化，严格保护自然岸线。对已批无居民海岛实施常态化监视监测，加强无居民海岛开发利用管理。开展无居民海岛现状调查工作，对全市 1950 个无居民海岛开展全面调查，摸清家底，全面掌握无居民海岛开发利用现状，全面加强海岛监管。

2. 推动海洋经济发展主要举措

（1）强化海洋强省建设

浙江省委、省政府印发《浙江省海洋经济发展"十四五"规划》。省级有关部门围绕产业发展、海域使用、港航物流、科技创新、生态保护等领域出台海洋经济相关政策 21 项。印发《浙江省海洋经济发展"十四五"规划任务分工方案》，细化重点工作任务。建立常态化统筹协调机制，制定海洋强省绩效考评操作细则和督查激励配套实施办法，闭环推进工作落实。印发《浙江舟山群岛新区主要海岛功能布局规划》，明确一岛一功能，推进分类开发利用。印发《甬舟温台临港产业带建设方案》，着力打造绿色石化及新材料、临港先进装备制造、现代港航物流、海洋清洁能源、现代海洋渔业、海洋文化旅游等产业集群。浙江省自然资源厅印发实施了《海洋强省建设自然资源行动方案》，构建自然资源深度参与海洋强省建设的 6 个工作体系、27 项工作任务。浙江省自然资源厅组建海洋强省建设自然资源工作专班，分解落实目标任务，明确工作职责，建立项目化、清单式管理和定期通报制度，强化考核督促。

（2）谋划科技兴海引领行动

起草编制《浙江省科技兴海引领行动方案》。深入实施"双尖双领"计划，加大关键核心技术攻关力度。谋划建设东海实验室，加快完善新型实验室体系。实施新一轮科技企业"双倍增"计划，加强企业研发机构和创新联合体建设，培育壮大创新主体。实施浙江省"万人计划"和青年英才集聚系列活动，加强蓝色领军人才引入和培育。积极推进高校涉海学科、专业建设，提升涉海类科技创新能级。围绕科技强省这一目标，推进涉海科技能力提升，设立自然资源部海洋空间资源管理技术重点实验室，实现科创平台自然资源领域全覆盖，为海洋强省建设提供科技支撑。持续推进科技创新平台和浙江省智慧海洋大数据中心建设，指导建设单位做好涉海数据的对接联通工作，目前项目已完成一期建设。

（3）创新海洋产业招大引强模式

全力推进海洋重大项目建设，印发《浙江省海洋经济发展

"十四五"重大建设项目库》，共安排涉海基础设施、港航物流服务、现代海洋产业、海洋科技创新和生态保护四大类 301 个项目，"十四五"时期计划投资 13 310 亿元。成立海洋产业项目招引培育工作专班，研究制定《浙江省加快海洋产业项目招引培育工作实施意见》，推进实施"引航、盯引、筑基、育强"四大行动。

（4）开展美丽海湾建设行动

打好近岸海域污染防治持久战，深入实施近岸海域水污染治理三年行动计划，开展全省"美丽海湾"保护与建设方案编制。加快生态海岸带建设，杭州钱塘、宁波前湾、温州 168、嘉兴海宁海盐 4 条生态海岸带示范段建设全面启动。发展海洋蓝色碳汇，开展"蓝海"指数评价体系研究，探索建立美丽海湾评估和长效监管机制，谋划启动"美丽海湾"保护与建设，推动生态环境高水平保护和经济高质量协同发展。2021 年，全省海水水质继续提升，国家一类、二类优良水质比例为 46.5%，再创有监测数据以来历史最好水平。

（5）增强海洋内外开放能级

持续推进浙江自贸试验区 2.0 版建设，在油气全产业链、营商环境、金融创新等领域探索形成 113 项制度创新成果，落地全国首笔保税油品仓单质押融资业务。2021 年，自贸区内进出口额超过 5316 亿元，同比增长 42.6%。义甬舟开放大通道建设深入推进，开行中欧班列 1904 列，同比增长 36%。全省域参与共建"一带一路"，2021 年对"一带一路"合作伙伴进出口额达 1.42 万亿元，宁波舟山港"一带一路"航线达 117 条。

四、宁波市[①]

1. 2021年海洋经济发展成效

（1）现代海洋产业持续做大做强

2021年，宁波舟山港完成货物吞吐量12亿吨，同比增长4.4%，连续13年位列全球第一；完成集装箱吞吐量3108万标准箱，同比增长8.2%，稳居全球第三位。6月，西安国际港—宁波舟山港陆海联运大通道班列开行。推进航运金融中心建设，全年银行机构港航经济相关产业贷款余额470亿元，同比增长24.7%；实现航运保险保费收入6亿元，同比增长26.5%，提供航运风险保障资金2万亿元。宁波航运交易所参与中国—中东欧国家贸易指数研究发布，海上丝绸之路贸易指数分析范围扩大至全球240个国家和地区，并建立了专业化的指数运营体系。全年临港绿色石化实现增加值851亿元，同比增长4.3%。总投资近100亿元的石化项目竣工投产，全国最大、国产化程度最高、数字化应用最广的炼化一体化基地在宁波镇海建成。

（2）海洋科技创新动能不断提升

聚焦海洋生物种业、绿色循环渔业、水产品营养与健康、海洋药物和生物制品业等重点领域，布局实施涉海重大科技攻关项目20项，"糖尿病合并非酒精性脂肪性肝病的药物研发"项目正式签约落户梅山。加快推进海洋科技创新平台建设，截至2021年，全市拥有18家涉海科研机构、7家国家级重点实验室、3家国家级企业技术中心、9家省级重点实验室、23家省级高新技术企业研究开发中心，甬江实验室已正式揭牌。

---

① 资料来源：宁波市发展改革委、宁波市自然资源和规划局。

2. 推动海洋经济发展主要举措

（1）谋划海洋经济发展蓝图

印发《宁波市海洋经济发展"十四五"规划》，着力构建"一城引领、三湾协同、六片支撑、四向辐射"的陆海统筹发展新格局，积极谋划海洋中心城市建设。印发实施《宁波市加快发展海洋经济 建设全球海洋中心城市行动纲要（2021—2025年）》，明确"五中心一城市"的功能定位，谋划了"十二大行动"、105项重点任务。

（2）健全涉海政策要素支撑体系

加大对涉海重大平台、重点产业的政策支持力度，出台《关于大力推进前湾新区高质量发展的实施意见》《宁波市港航服务业补短板攻坚行动方案》等政策。参照浙江省海洋（湾区）发展资金，谋划设立宁波海洋经济发展资金，为海洋经济创新发展和主体培育壮大提供资金支持。

（3）建立重点涉海项目和企业监测机制

形成了海洋经济"十四五"重大项目库和2022年度海洋经济重大项目实施计划，并对年度项目的实施进展情况进行季度分析。选择200家重点涉海企业，对其运行情况、存在的问题、市场预期等信息进行梳理分析，及时掌握海洋重大项目建设动态和海洋重点行业发展状况。

（4）打造海洋经济发展样板

开展海洋经济发展示范区建设情况评估，组织第三方机构对示范区设立以来的建设情况进行全面评估，指导宁海县、象山县分别出台海洋经济发展"十四五"规划，开展园区整合，进一步强化支撑作用。推进产业集聚发展，依托浙江象山经济开发区、浙台经贸合作区建设，大力发展重型装备、船舶制造等产业。拓展海洋新材料产业，形成了一批行业龙头企业。加快培育绿色能源产业，国电电力发展股份有限公司象山 1 号海上风电场（一期）正式投运，全国最大的海岸滩涂渔光互补光伏项目"象山长大涂滩涂光伏项目"成功并网发电。

（5）建设美丽海洋蓝色家园

印发实施《宁波市生态海岸带建设实施方案》，推动开展五大生态海岸带先行段和九大标志性区块建设。加强海洋生态保护区建设，完善花岙岛自然保护地体系建设，完成花岙岛国家级海洋公园总体规划。开展入海河流和近岸海域垃圾综合治理，建立近岸垃圾分类、入海河流常态化治理和"海上环卫"工作机制。按照区域及海岸线划分，设立湾（滩）长制公示牌，湾（滩）长巡查率达到 100%。加强对港口船舶的污染治理，继续推动港口和船舶岸电建设，多部门协同推进海上溢油联防体系建设。推进实施生态海岸带建设，杭州湾国家湿地公园入选《中国沿海湿地保护绿皮书（2021）》"最值得关注的十块滨海湿地"；宁波湿地研究中心正式成立，鸟类数量从建设初期的 170 种增加到 303 种。

第三节　南部海洋经济圈[①]

一、福建省[②]

1. 2021 年海洋经济发展成效

2021 年，福建省海洋经济成为社会经济发展的重要引擎。全年海

[①] 南部海洋经济圈指由福建、珠江口及其两翼、北部湾、海南岛沿岸地区所组成的经济区域，主要包括福建省、广东省、广西壮族自治区和海南省的海域与陆域。

[②] 资料来源：福建省发展改革委、福建省海洋与渔业局。

洋生产总值 10 842 亿元，名义增长 10.5%。海洋经济结构持续优化，海洋三次产业比例为 7.3：35.3：57.4。

（1）海洋重点产业持续发展

海洋渔业成为福建省海洋经济支柱产业之一，海水养殖产量、水产品出口额、水产品人均占有量均位居全国第一，大黄鱼、鲍鱼、海带等优势品种育苗量位居全国第一。海洋新兴产业创新发展，厦门船舶重工股份有限公司建造的 2800 客位邮轮型客滚船交付使用，7500 车位 LNG 双燃料动力汽车滚装船产品获全球深海滚装船最佳环境奖。海上风电装备产业链逐步完善，全球最长的 107 米风电叶片、亚太地区最大的 13 兆瓦海上风电机组顺利发运。海洋药物和生物制品产业发展较快，初步形成厦门海沧生物医药港、诏安金都海洋生物产业园、石狮海洋生物科技园等产业聚集区。

（2）港航基础设施持续完善

2021 年，港口吞吐能力超过 8 亿吨，已具备停靠世界主流船型——集装箱船、邮轮和散货船的条件。沿海港口货物吞吐量 7 亿吨，同比增长 11%，集装箱吞吐量 1746 万标准箱。截至 2021 年 12 月，共命名 86 条"丝路海运"航线，其中福建省 70 条，省外 16 条，已纳入国家"十四五"规划，品牌影响力不断增强。加快实施"宽带入海"，开展船载高通量卫星通信设备试点，启动"5G+"智慧渔港建设。

（3）海洋科技创新能力持续提升

谋划推进省级海洋高新产业园、厦门大学海洋科学与技术福建省创新实验室等一批海洋科研平台。打造中国国际（厦门）渔业博览会、厦门国际海洋周等海洋经贸平台以及自然资源部海岛研究中心（平潭）、厦门南方海洋研究中心等一批海洋科研平台。强化海洋科技研发攻关，实施 220 项海洋领域省级科技计划项目，资助经费 5683 万元，带动海洋科技项目总投资约 2 亿元。

（4）海洋治理及生态环境持续改善

福建省近岸海域优良水质（符合国家一类、二类海水水质标准）比例为 85.2%。开展海洋自然资源资产负债表编制及其价值实现机制试点工作，推进"养殖海权改革"试点，制定完善海域使用权招拍挂出让管理办法和配套制度。建立实施海洋生态红线制度，强化海洋环保目标责任制。加强海洋污染防控和生态修复，实施"碧海银滩"工程和海岛生态修复项目。

2. 推动海洋经济发展主要举措

（1）加强政策引领

福建省政府印发实施《加快建设"海上福建"推进海洋经济高质量发展三年行动方案（2021—2023 年）》（以下简称《三年行动方案》）。同时，福建省政府围绕《三年行动方案》下发了 11 项具体工作方案清单，要求明确"重点任务 + 重点项目"，推进任务项目化、项目清单化。深海装备养殖、地下水封洞库、船舶和海工装备、海洋科技创新平台、海洋生态环境保护、海洋药物和生物制品、滨海旅游、东南国际航运中心等工作方案已陆续出台。

（2）建立项目推进机制

全省共筛选了《三年行动方案》重点项目 328 项、总投资近万亿元，建立了重点项目跟踪落实机制和项目进展月报机制，研究提出重点跟踪推进的项目清单，梳理并协调解决重点项目前期及建设中存在的困难。截至 2021 年年底，142 个在建项目累计完成投资 748 亿元，完成年度投资计划的 123.8%，186 个前期项目已开工 53 个，有效地发挥了重点项目示范带动作用。

（3）加强绩效考核

将加快建设"海上福建"、推进海洋经济高质量发展工作纳入经济社会发展考核体系，作为评价领导班子和领导干部工作实绩的重要参考。制定海洋经济绩效考核办法及正向激励措施，形成可量化的考评指标，力争科学客观地反映各地工作绩效，作为推动海洋经济发展的重要抓手之一。

二、厦门市[①]

1. 2021 年海洋经济发展成效

（1）现代海洋渔业呈现新亮点

围绕传统渔业转型升级，培育了绿盘鲍、杂色鲍、金牡蛎、对虾、海马、石斑鱼和青蟹等国家水产种业知名品牌。高崎水产品批发市场总交易额近百亿元，成为我国龙虾和帝王蟹等高端水产品的集散地。2021 年，水产品总产量超过 6.9 万吨，远洋渔业总产量近 6 万吨，产值近 4 亿元。

（2）临海产业现代化步伐加快

海洋工程装备制造业和海洋船舶工业加快发展。提高智能船舶及海工装备的研发和制造业能力，加快推进新一代船舶智能装备和设备产业化。提高游艇、帆船、小型邮轮等船舶的自主研发和设计制造能力。水下机器人、无人艇、海洋无人运输机、集装箱定位仪、船体表面清

---

① 资料来源：厦门市发展改革委、厦门市海洋发展局。

刷装置等水下和水上装备的研制和产业化进程加速。智能化养殖、海洋可再生能源、海水淡化装备和矿产资源开发装备国产化研发和示范应用项目积极推进。游艇安全及产品质量检测中心、水产养殖自动化装备核心技术攻关与产业化示范项目加速建设。

（3）海洋支柱产业实现新跨越

海洋药物和生物制品业品牌效益进一步凸显，建成辅酶 Q10、藻油 DHA 和香兰素全球供应基地，海洋工具酶进入国际市场，氨糖、安井海洋食品等市场进一步扩大。截至 2021 年年底，厦门港集装箱班轮航线达到 159 条，通达全球 52 个国家和地区的 143 个港口，完成港口货物吞吐量 2 亿吨，同比增长 9.67%；集装箱吞吐量 1205 万标准箱，同比增长 5.6%，首次突破 1200 万标准箱，完成海铁联运集装箱量 5 万标准箱。

（4）海洋科技创新取得新进展

推进海洋高新产业园区和海洋科学与技术福建省创新实验室建设，建成厦门海洋高技术产业基地创业创新共享服务平台，推动海洋职业技术学院"专升本"列入福建省"十四五"高校设置规划,完成沙坡尾、翔安火炬和翔安欧厝 3 个南方海洋创业创新基地分基地建设，已累计入驻创业项目 48 个。"蓝色药库"创新载体建设提质增效，积极推进国家海洋生物医药与生物制品研究发展中心、合成生物研发中心等创新载体建设,推进海洋微生物菌株库、海洋基因库与海洋化合物库建设，建设深海基因资源开发利用中心。

2. 推动海洋经济发展主要举措

（1）持续强化政策引领

出台《厦门市海洋经济发展"十四五"规划》《加快建设"海洋强

市"推进海洋经济高质量发展三年行动方案（2021—2023 年）》，提出"到 2025 年，全市海洋生产总值占地区生产总值比重达 30% 左右，全面建成现代海洋城市和海洋强市；到 2035 年，建成国际特色海洋中心城市"等战略目标，积极谋划打造厦门海洋高新产业园区，出台促进海洋经济高质量发展的 18 条措施、海洋与渔业发展专项资金管理办法等政策措施，建立海洋专家组等新兴智库，设立海洋产业创投基金，开展海洋助保贷等业务，服务推动海洋经济高质量发展。印发《厦门市海上旅游客运优化提升实施方案》，通过新建和改建海上旅游客运码头，打造以海上旅游为主、兼顾跨岛通勤的厦门湾海上客运体系。

（2）提升产业发展动能

打造翔安火炬双创基地、沙坡尾海洋经济服务中心和翔安欧厝海洋院士工作站等载体，为中小微企业和创业团队提供"拎包入住"式服务，促进海洋科技成果孵化育成落地。搭建 23 个海洋公共服务平台，累计提供"一站式"科研服务 5 万次。引导涉海企业建设企业技术中心、研究院等 14 个，涉海院士工作站 4 个，有效增强企业创新活力，累计实现成果转化 96 项、申请专利 551 项。绿盘鲍、海洋生物高值化开发两项成果获福建省科技进步奖一等奖，海藻多糖高值化产品制备关键技术开发与示范、中－印尼联合海洋生态站建设与热带海洋生态系统研究获厦门市科技进步奖一等奖。

（3）促进科研成果产业化

围绕补链、扩链、强链，以国家海洋经济发展示范区、海洋经济创新发展示范城市、厦门市海洋经济发展专项为抓手，着力开展"补短板、增动能、提层次"，有效发挥财政资金带动作用，引导社会资本投入海洋药物和生物制品、海洋高端装备、数字海洋、海洋文化和现代渔业等海洋产业。全年共立项16个产业化项目，带动投资5亿元。截至2021年年底，累计支持海洋产业项目194项，总投资58亿元，扶持企业68家，新增产值235亿元。

（4）努力做大、做强产业链

围绕海洋药物和生物制品、海洋高端装备、现代渔业等10个重点招商方向，实施精准招商、科技招商、联动招商，成功引进一批高能级企业落户厦门。全市海洋发展大会落实签约项目68个，计划总投资355亿元，已落地49个，落地率72%。2021年，新进入市级招商平台项目51个，总投资89亿元，其中落地32个，投资34亿元，27个项目意向入驻高新产业园区。

（5）高度重视海洋环境保护

坚持陆海统筹，实施"蓝色海湾"整治工程和生态修复工程，实现海洋生态环境高水平保护，获批全国首批海洋生态文明示范区，创新形成海岸带综合管理、中华白海豚和文昌鱼保护、海漂垃圾治理等经验。完成海上养殖全域退养，入海排放口基本完成整改，2021年重点直排海污染源主要污染物在线监控达标率为100%。

（6）积极构建"蓝色朋友圈"

连续成功举办16届厦门国际海洋周，推动海洋国际合作中心落户厦门，国际性和影响力更加凸显。推进东亚海岸带可持续发展地方政府网络（PNLG）建设，深化东南亚地区成员政府间的海洋交流与合作，推动南太平洋岛国商务中心意向落户厦门，促进了厦门海洋科技与经济领域的国际交流与合作。

三、广东省^①

1. 2021 年海洋经济发展成效

2021 年，广东省海洋生产总值 17 115 亿元，名义增长 13.4%。海洋三次产业结构比例为 3.1∶29.3∶67.6。

（1）海洋优势产业继续做大、做强

一是海洋渔业和海洋水产品加工业发展稳中向好。海水养殖产量 336 万吨，同比增长 1.5%，海水加工品总量 106 万吨。海洋船舶工业逐步回暖。2021 年，新承接船舶订单量 479 万载重吨，同比增长 77.2%；手持船舶订单量 819 万载重吨，同比增长 42.1%。二是海洋工程装备制造业延续复苏。全年海洋工程装备完工量为 16 座（艘），同比增长 45.0%；新承接订单量 20 座（艘），同比增长 186.0%。三是海洋交通运输业快速增长。全年完成沿海港口货物吞吐量 18 亿吨，同比增长 3.3%；完成沿海港口集装箱吞吐量 6429 万标准箱，同比增长 6.4%。湛江港建成华南第一个可满载靠泊 40 万吨级船舶的世界级深水港。四是海洋油气开采稳步增长。海洋原油、天然气产量分别为 1745 万吨和 133 亿立方米，同比增长 8.2% 和 0.7%。国内首个自营深水油田群流花 16-2 油田群全面建成投产。陆丰油田群区域开发项目成功投产，标志着南海首次实现 3000 米以上深层油田规模化开发。五是海洋化工业集聚发展，世界级绿色石化产业集群加速建设，形成炼油 7000 万吨/年、乙烯 430 万吨/年、芳烃 85 万吨/年的生产能力。全球规模最大、中国首套 260 万吨/年浆态床渣油加氢装置建成

---

① 资料来源：广东省发展改革委、广东省自然资源厅。

投产。六是海洋旅游业实现恢复性增长。全省 14 个沿海城市全年接待游客近 4 亿人次，实现旅游收入 4647 亿元，同比增长分别为 28.5% 和 18.5%。全国首个采用"公益＋旅游"开发的无居民海岛三角岛完成客运码头等基础设施建设。七是海洋工程建筑业稳步发展。全年全省港口项目完成固定资产投资 153 亿元，同比增长 22.1%。调顺跨海大桥、博贺湾大桥、水东湾大桥等建成通车。

（2）海洋新兴产业持续发挥引领作用

一是海上风电建设加快推进。截至 2021 年年底，全省累计建成投产海上风电项目 21 个、装机容量 651 万千瓦，新增投产项目 18 个、装机容量 549 万千瓦，项目累计完成投资超过 1300 亿元，其中 2021 年新增投资超过 730 亿元。通过海上风电项目规模化开发带动相关产业发展，规划的阳江风电产业基地已初具规模，全省整机组装产能超过 650 台（套），主要设备及零部件已基本实现本地供应。积极推动企业加快海上风电创新示范，全球首台抗台风漂浮式海上风电机组应用于三峡阳西沙扒海上风电项目，成功实现并网发电；全国首个近海深水区海上风电项目——华电阳江青洲三项目建成投产。二是海洋电子信息产业向智能化、无人化发展。国内首艘智能型无人系统母船开工建设，国内首个自主研发建造的海底数据舱落地珠海。三是海洋药物和生物制品业科研水平持续加强。全球首个基于全基因组测序和组装的巴沙鱼染色体水平基因组发表。成功破译全球首个芋螺（桶形芋螺）全基因组序列。四是海水淡化产能显著增长，全年海水淡化产水量 1326 万吨。

（3）海洋科技创新能力稳步增强

加快构建"实验室＋科普基地＋协同创新中心＋企业联盟"四位

一体的海洋科技协同创新体系。天然气水合物钻探技术取得阶段性进展，"国产自主天然气水合物钻探和测井技术装备海试任务"完成海试作业。自主研制出国际首套有效体积 2585 升、最大模拟海深 3000 米的大尺度全尺寸开采井天然气水合物三维综合试验开采系统。围绕建设粤港澳大湾区国际科技创新中心和综合性国家科学中心，谋划推进冷泉生态系统（广州）等设施建设。截至 2021 年年底，全省建有覆盖海洋生物技术、海洋防灾减灾、海洋环境等领域的省级以上涉海平台超过 145 个。涉海单位专利授权总数为 3.4 万件，同比增长 26.5%。获评 2021 年度国家级海洋科学技术奖项 13 项、省级科学技术奖项 15 项。支持海洋电子信息、海上风电、海洋工程装备、海洋生物、天然气水合物、海洋公共服务六大产业关键核心设备和"卡脖子"技术攻关，共支持 32 个项目，经费总额 3 亿元。

（4）海洋生态文明建设成效显著

统筹推进海岸带生态保护修复、"蓝色海湾"综合整治、美丽海湾建设等行动。大鹏湾、青澳湾入选生态环境部评选的 2021 年全国 8 个美丽海湾优秀案例。高质量建设万里碧道 2075 千米，地表水国考断面水质优良率达 89.9%，近岸海域水质优良率达 90.2%。新营造红树林面积 214 公顷，其中，湛江红树林造林项目完成首笔 5880 吨二氧化碳减排量交易，是我国开发的首个蓝色碳汇交易项目。

（5）海洋经济开放合作不断拓展

截至 2021 年年底，全省共开通国际集装箱班轮航线 362 条，缔结友好港口 90 对。全省全年对共建"一带一路"国家进出口总额超过 2 万亿元，同比增长 16.3%。与区域全面经济伙伴关系协定（RCEP）成员国家的进出口总额为 2.3 万亿元，同比增长 13.5%。2021 年，中国

（广东）自由贸易试验区进出口额达 3968 亿元，同比增长 19.8%。成功举办 2021 广东 21 世纪海上丝绸之路国际博览会、首届广东国际海洋装备博览会。中国—东盟海水养殖技术"一带一路"联合实验室获批建设。

2. 推动海洋经济发展主要举措

（1）加强规划引领

印发实施《广东省海洋经济发展"十四五"规划》，不断强化"一核一带一区"区域发展格局，加快形成"一核、两极、三带、四区"海洋经济发展空间布局，绘就"十四五"海洋经济发展蓝图。启动广东省海岸带综合保护与利用规划修编工作。开展现代海洋产业集群建设、省级海洋经济高质量发展示范区创建研究，积极谋划海洋经济重大发展平台。

（2）增强海洋综合管理力度

进一步健全海洋管理法规制度，出台《海岸线占补实施办法（试行）》。加强海域海岛精细化管理，印发实施《广东省海洋协管员管理制度（试行）》。全面完成海岸线修测工作，岸线总长度约占全国的1/5。探索推动养殖用海海域使用权由行政审批逐步向市场化配置转变。精准有力保障重大项目用海需求，2021 年省级批准用海 2400 公顷，共批复新建巴斯夫智能化仓储物流项目等 14 宗项目用海。完成湛江 4 宗海砂项目挂牌出让，海砂资源储量 4165 万立方米，保障了国家和广东省重大项目用砂需求。

（3）强化海洋防灾减灾实力

印发实施《进一步提升广东省海洋预警监测能力工作方案》，完善海洋观测设施管理工作机制。发布《2020 年广东省海洋灾害公报》，增强社会公众的海洋防灾减灾意识。全力做好海洋灾害防御工作，针对重点海域赤潮事件和核电冷源海域海洋生物聚集事件提供赤潮和海洋生态监测预警服务，发布赤潮监测预警专报和海洋生态监测预警专报。开展海洋灾害风险普查，完成汕头市南澳县海洋灾害风险普查试点工作，并以此为基础推动 14 个沿海市开展市县级海洋灾害风险普查工作。

（4）提升海洋经济管理决策水平

印发实施《广东省海洋经济统计调查制度》，健全海洋经济调查指标体系。开展全省海洋经济活动单位名录更新工作。提升海洋经济活动单位监测能力，完善数据共享机制，定期发布海洋经济数据。首次发布《2021 广东省海洋经济发展指数》，客观评价 2015 年至 2020 年广东海洋经济发展质量。充分利用数据挖掘和多维度分析，探索海洋经济数据可视化应用，初步实现海洋经济活动单位空间分布"一张图""一套数"。

四、深圳市[①]

1. 2021 年海洋经济发展成效

（1）传统产业不断转型升级

一是现代海洋渔业发展质量持续提升。打造现代化远洋渔业船队，深圳市远洋渔船数量和产值约占广东省总额的六成，成为广东省远洋渔业的主力军。深圳国家远洋渔业基地正式获批，将加速深圳市远洋渔业全产业链发展和形成产业集聚效应。推动蛇口、盐田、南澳等传统渔港转型发展和智慧化改造。以蛇口渔港为试点，按照国际一流标

---

① 资料来源：深圳市发展改革委、深圳市规划和自然资源局。

准推动现代渔港建设。开展盐田渔港升级改造规划研究，打造港城融合的都市消费型渔港。二是国际航运枢纽地位愈加巩固。港口扩能及智慧化、绿色化升级不断推进，盐田港区 5G 专用智慧码头加快建设，妈湾 5G 绿色智慧港口正式开港，全年深圳港集装箱吞吐量达 2877 万标准箱，稳居全球第四位。三是海洋旅游业发展不断加快，统筹推进深圳海洋博物馆、歌剧院等文化设施建设。

（2）海洋新兴产业发展提速

一是海洋工程装备制造业发展水平不断提高。由传统油气向海上风电、海洋能等新兴海工装备拓展，形成以孖洲岛为主体的海工装备及船舶修造基地，海工装备产业链条初步形成。全球最大的海上风电打桩船"三航桩 20 号"以及"舟山号""长山号"波浪能发电装置顺利交付，首台国产化变频器设备在石油钻井平台上成功应用。二是海洋电子信息业陆海融合不断增强。自主研发的"EVOC"特种计算机在 ROV 系统中成功应用，研制的水下无线通信设备技术领先，国产化"千里眼"航海雷达系统打破国外品牌长期垄断。三是海洋药物和生物制品产业竞争力持续提升。深圳国家基因库正式运营，有力地促进了基因组学在海洋开发、精准健康和微生物应用等方面的前沿探索与产业化。四是海洋现代服务业支撑能力逐渐增强。加快筹建国际海洋开发银行，初步构建起以海洋融资、海洋保险、海洋信贷、海事法律和检测认证等为主的海洋现代服务业支撑体系。

（3）稳步推动海洋经济开放合作

争取试点启运港退税政策，2021 年 12 月，深圳海关成功在前海放行 4 票启运港退税货报关单，合计金额约 41 万元，标志退税政策落地实施。积极推动 2021 全球招商大会海洋产业项目落地，开展产业链集聚定向招商工作，引进海洋产业龙头企业及产业链上下游优质项目。持续推进中国海洋经济博览会、中国国际（厦门）渔业博览会等展会的筹备工作。大力推进中国邮轮旅游发展实验区建设，中国首艘五星旗高端邮轮"招商伊敦"号正式投入运营，10 月从深圳蛇口邮轮港出发，开启首次"魅力南海之旅"。

2. 推动海洋经济发展主要举措

（1）制定落实海洋发展政策

研究制定海洋产业扶持专项政策，编制《深圳市促进海洋经济高质量发展的若干措施》，针对涉海产业发展需求，在企业引进和陆海融合等方面提出支持政策。研究制定海洋人才引进专项政策，印发《深圳市高端紧缺人才目录》，将海洋产业单独作为产业大类，设置 15 类岗位，涵盖海洋电子信息及高端海工装备制造、海洋资源开发利用、海洋生态保护和港航服务四大重点产业。试点推进国际船舶登记制度改革，印发《深圳市深化国际船舶登记制度改革实施方案》，国际航运竞争力和影响力得到提升。

（2）加强海洋生态修复建设

按照陆海统筹理念，建立"海域—流域—陆域"统筹的海洋生态保护整体格局，编制《深圳市国土空间生态保护修复规划（2020—2035 年）》，有序开展海岸带生态保护修复工作。出台《深圳市沙滩资源保护管理办法》，完善沙滩分类、部门职责、滩面垃圾清理等内容，促进形成沙滩资源可持续利用的长效监管机制。开展重点海湾综合治理，打造"蓝色海湾"。

（3）彰显海洋文化特色

印发《深圳市海洋文体旅游发展专项规划（2021—2025）》，为深圳市海洋文化旅游发展指明方向。推进创建世界级绿色活力海岸带，宝安滨海文化公园建成开园。建设国际滨海旅游城市，有序推进一批亲海平台和设施的开发。积极拓展"海上看深圳"新航线，推动邮轮游艇旅游发展，探索建设国际游艇旅游自由港。

（4）提升海洋空间精细化管理水平

完善国土空间规划体系。加强陆海空间协同，完成海洋生态空间、海洋开发利用空间和海洋生态保护红线试划工作。深圳市在国土空间总体规划的指导下，研究探索重点海域详细规划编制的可行性。印发《深圳市海域使用权招标拍卖挂牌出让管理办法》《深圳市海域管理范围划定管理办法》等系列配套制度。推进全球海洋大数据中心建设，建造 3000 吨级海洋维权执法船，保障机场三跑道改扩建等重大民生工程用海等。严格推进海洋执法工作，积极推动《深圳经济特区生态环境保护条例》立法，海洋倾废执法成效明显。海域海岛执法监管到位，紧盯重大用海工程，强力拆除 1 宗用海期限过期项目，恢复海域原状共计近 3 公顷。

五、广西壮族自治区[①]

1. 2021 年海洋经济发展成效

2021 年，广西壮族自治区海洋经济稳步发展，全年海洋生产总值达 2205 亿元，名义增长 16.1%。海洋产业结构日趋合理，海洋三次产业比例为 10.4：28.8：60.8。

---

① 资料来源：广西壮族自治区发展改革委、广西壮族自治区海洋局。

（1）促进海洋经济发展立法稳步推进

为规范广西海洋资源开发利用和保护，促进海洋经济长期健康发展，积极推动《广西海洋经济发展促进条例》立法程序，列入自治区人民政府 2021 年立法工作计划预备项目。

（2）用海保障坚实有力

全年征收（免缴）海域使用金合计 2.3 亿元，全区批复（出让）用海项目 134 宗、面积 7364 公顷，批复无居民海岛 1 个、面积 0.24 公顷。全区在已确权开放式用海的海域范围内，率先采用"海域使用权立体分层设权"的方式，为西部陆海新通道的重大项目——防城港企沙港区赤沙作业区 2 号泊位工程项目办理透水构筑物用海手续，有力地保障了自治区重大基础设施项目用海，促进项目开工建设。

（3）海洋经济创新发展不断加快

海洋科技创新不断加强。截至 2021 年年底，广西海洋领域自治区级重点实验室增加至 7 个，广西海洋领域工程技术研究中心增加至 4 个，8 项海洋领域科技计划项目获得自治区科技厅立项，累计获得经费 1750 万元。北海市通过海洋经济创新发展示范城市建设，进一步推进海洋新兴产业的产业链协同创新与产业孵化集聚创新。

（4）海洋生态修复取得积极进展

北海市冯家江流域生态修复工程被列入《基于自然的解决方案中国实践典型案例》。北海市、钦州市和防城港市成功申报 2022 年中央财政支持海洋生态保护修复项目 3 个，获批中央资金支持 9 亿元。持续加强自然岸线管控，保证全区自然岸线保有率达到 37% 以上。在北海开展山口红树林生态系统碳储量调查评估，为掌握海洋生态系统碳储量本底情况和潜力提供良好示范。

2. 推动海洋经济发展主要举措

（1）科学编制"十四五"涉海专项规划

印发实施《广西海洋经济发展"十四五"规划》，进一步优化海洋经济空间布局，谋划一批重大事项、重大政策、重大项目，推动构建向海经济发展新格局。编制《广西壮族自治区国土空间规划（2021—2035 年）》，推动西部陆海新通道建设与沿海沿边开放，为国家和自治区重大发展战略提供海洋资源要素保障。组织编写《广西海洋观（监）测和预警减灾业务体系发展规划（2021—2025 年）》。

（2）推进海洋传统产业提质增效

一是全力推动现代海洋渔业发展。积极推进"蓝色粮仓"和海洋牧场工程，加强渔港建设。北海南澫中心渔港、高德二级渔港、钦州龙门一级渔港升级改造和扩建项目加快推进。防城港市渔港经济区获批中央财政补助资金支持建设国家级沿海渔港经济区项目。北海、防城港、钦州市积极推广深海抗风浪网箱生态养殖，4 个国家级海洋牧场示范区加快建设。2021 年，全区新增标准深水抗风浪网箱 1126 口，提前完成全年新增标准网箱 1000 口的目标任务。二是加快建设一批重大海洋旅游项目。加快提升文旅设施水平，北海海丝首港、银基国际滨海旅游度假中心等一批重大文旅项目扎实推进。全力推进海洋旅游文旅品牌创建，推广海上丝绸之路旅游线路、景点、文创产品等文化旅游品牌，北海银基水世界、防城港簕山古渔村、金沙水旅游度假区等成为旅游新亮点。2021 年，广西文化旅游发展大会在北海成功举办，搭建了自治区内外文化旅游界交流合作、共赢共享的重要平台。

（3）积极培育海洋新兴产业

印发实施《广西战略性新兴产业发展"十四五"规划》《广西战略

性新兴产业发展三年行动方案（2021—2023年）》，为推进海洋高端装备制造、数字经济等产业高质量发展谋篇布局。一是海洋药物和生物制品产业再添龙头企业，防城港市北京是光恒生产业合作项目稳步推进，着力推动精准医疗与干细胞制备等全产业链融合发展。二是海上风电项目加快推进，广西海上风电规划获得国家能源局批复，到2025年，广西海上风电规划总装机容量750万千瓦。目前，广西正在建设两个海上风电项目，其中防城港市海上风电示范项目规划装机容量180万千瓦，钦州市海上风电示范项目规划装机容量90万千瓦。中国船舶集团钦州海上风电装备制造基地等项目落地建设，海上风电装备全产业链要素初具雏形。

（4）积极开展海洋生态修复和预警监测

对2016年至2020年获批但尚未完工的"蓝色海湾"整治行动项目和海岸带保护修复项目实施常态化核查，加快推动项目实施。开展2021年广西海洋生态资源承载力与生态预警监测工作，认真做好广西珊瑚礁、海草床、红树林、河口海湾等典型海洋生态系统现状的预警监测，为实现规划用海、集约用海、科技用海和生态用海提供决策依据。

（5）持续强化海域海岛监管执法

全力做好龙门跨海大桥、大风江大桥等一批自治区重点项目或民生项目的用海用岛资源要素保障。积极指导西部陆海新通道（平陆）运河项目、钦州集装箱办理站二期、钦州中伟新材料项目等重大项目开展用海前期工作。协调对接自然资源部对已批准但尚未完成的155个围填海项目下达的处置政策，按政策部署开展处置工作。强化各类用海项目执法监管，加强海岸线保护利用，依法查处违法使用海域行为。组织对32个疑点疑区图斑开展现场核查并上报核查报告，开展北海至海南海底电缆巡护行动 4 次。检查用海项目 228 个次，检查海岛 451 个次，依法立案 32 宗，收缴罚没款 1221 万元。积极参加"碧海"专项执法行动，在非法采砂多发海域开展打击非法开采海砂专项行动，依法处置非法采砂船舶 51 艘，实施拆解 43 艘，整治涉海非法砂场 16 宗。

（6）精心策划系列宣传活动

开展广西 2021 年世界海洋日暨全国海洋宣传日系列主题活动，组织编制《广西海洋科普和意识教育基地认定办法（暂行）》，建立第一批共 9 个海洋科普和意识教育示范基地，进一步增强全民现代海洋观。截至 2021 年年底，全区各地相继开展"海洋日"等宣传活动超过 12 次，自治区内外主流媒体共播发有关广西海洋活动报道 132 篇，其中《人民日报》《经济日报》、中央广播电视总台等刊发重点报道 20 篇（次）。

六、海南省[①]

1. 2021 年海洋经济发展成效

2021 年，海南省海洋经济呈平稳较快发展态势，实现"十四五"良好开局。全年海洋生产总值 1990 亿元，名义增长 23.9%。海洋产业结构进一步优化，第三产业"稳定器"作用更加突显，海洋三次产业结构比例为 14.5∶6.6∶78.9。

一是海洋渔业略有增长。受"三无"船舶清理整治和水产养殖禁养区清退工作的持续影响，海洋渔业增速放缓。二是海洋旅游业强势复苏。2021 年，随着国外出境游受阻，以三亚为代表的热带海岛旅游

---

① 资料来源：海南省发展改革委、海南省自然资源和规划厅。

持续升温，且得益于国际消费品博览会、博鳌亚洲论坛等国际盛会的举办及海南自由贸易港离岛免税政策红利持续释放，海南成为国内外游客出行的热门之选，全省海洋旅游业已反超新冠肺炎防控前的水平。三是海洋药物和生物制品业快速增长。截至 2021 年年底，全省已有海洋生物药品企业 6 家、海洋生物制品生产企业 2 家、海洋医疗器械生产企业 2 家。以海洋生物为原料生产的药物品种有 13 个药品批准文号，其中以海洋生物为原料生产的中药占 6 个，化学药物占 7 个。四是海洋油气业取得新突破。陵水"深海一号"气田于 6 月 25 日正式投产，标志着中国海洋石油勘探开发能力全面进入"超深水时代"。

2. 推动海洋经济发展主要举措

（1）制定落实国家战略的政策措施

为落实党中央国务院对海南自由贸易港建设的系列部署要求、《海南省国民经济和社会发展第十四个五年规划和二〇三五年远景目标纲要》，海南省自然资源和规划厅印发《海南省海洋经济发展"十四五"规划》，着力拓展海南经济发展蓝色空间，推动海洋科技创新，构建现代海洋产业体系，加强海洋经济开放合作，提升海洋服务保障能力，初步形成与自由贸易港相适应的现代海洋经济体系。

（2）不断巩固海洋传统产业主导地位

出台《海南省现代化海洋牧场发展规划（2021—2030 年）》，成功组织召开全国水产南繁种业发展论坛。继续推进海南自由贸易港建设，持续释放"中国洋浦港"船籍港政策效应。对标海南自由贸易港和西部陆海新通道建设要求，加快交通基础设施项目建设。建成洋浦港小铲滩集装箱码头起步工程，加快推进海口港新海客运综合枢纽等项目，稳步推进洋浦港区航道改扩建工程、海南洋浦区域国际集装箱枢纽港扩建工程、马村港三期码头工程、琼州海峡中水道浅点疏浚工程等项目前期工作，启动洋浦港智慧港口改造建设，加快港口作业智能化转型升级。

（3）持续激发海洋新兴产业发展新动能

搭建海洋药物和生物制品科技成果转化平台，举办海洋生物资源保护与利用论坛，促成 7 家医药企业、研发机构签订技术开发合同或意向合作协议，加速科技成果转化，推动海洋药物和生物制品业高起点发展。积极引导深海装备产业化发展，推动一批风电装备项目落地。水下无人装备项目进入厂房设计阶段，塔沃全潜式观光船首发下水，制造项目已进入选址阶段。结合海南省能源发展"十四五"规划和海上风电规划，按照"风电＋风机＋应用"和"全省一盘棋"的思路，统筹考虑产业布局，开展招商活动，截至 2021 年 12 月已有 3 个项目开工建设。

（4）推动海洋科教管服稳步发展

有效推进深海教育、科研和产业资源的聚集，提升海南省海洋科教管理发展质量。中国科学院深海科学与工程研究所深海潜水器关键设备研发项目列入国家重点科研项目。主动对接国家海洋强国建设的战略部署，依托三亚崖州湾科技城现有基础，积极推进海南省人民政府与自然资源部共建国家海洋综合试验场（深海），作为国家海洋试验场体系的重要组成部分。推进建设"深海科技教学与科研基础实验室""三亚崖州湾深海科技实验室""深远海立体观测网支撑保障与信息服务中心"等 8 个实验室，实验室总建筑面积 3.3 万平方米，共计投入科研仪器设备总值约 2.5 亿元。

附 件

2022 中国海洋经济发展指数^①

中国海洋经济发展指数（China Ocean Economic Development Index，COEDI）是对一定时期中国海洋经济发展状况的综合量化评估，涵盖发展规模与效益、结构优化与升级、资源节约与利用、对外经济与贸易、民生保障与改善 5 个方面，包括 5 个一级指标和 23 个二级指标。指数以 2015 年为基期，基期指数设定为 100。

一、中国海洋经济发展指数

2016—2021 年，中国海洋经济发展指数年均增速为 2.2%。2021 年，中国海洋经济发展指数为 114.1，比上年增长 3.6%，海洋经济发展稳

图 1　2015—2021 年中国海洋经济发展指数及增速

---

① 资料来源：国家海洋信息中心。

86

中向好。其中，发展规模与效益、结构优化与升级对中国海洋经济发展指数增长的贡献率较大。

二、分领域指数

（一）发展规模与效益

2016—2021 年，发展规模与效益指数年均增速为 2.2%，展现较强发展韧性。2021 年，发展规模与效益指数为 114.2，比上年增长 4.7%，发展规模和效益均显著提升。

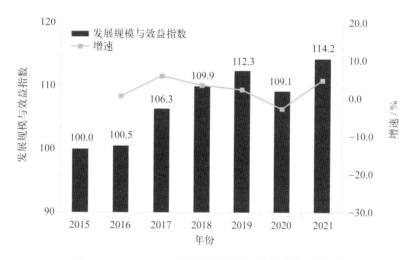

图 2　2015—2021 年发展规模与效益指数及增速

海洋经济规模稳步增长，质量效益持续提高。2021 年，海洋生产总值约为 9 万亿元。截至 2021 年年末，全国实有海洋经济活动单位数比 2015 年翻了一番，海洋经济微观基础进一步稳固。2016—2021 年，沿海地区人均海洋生产总值不断攀升，年均增速达 4.7%。2021 年，重点监测的海洋工业企业资产利润率比 2015 年提高 6.3 个百分点，营业收入利润率比 2015 年提高 10.3 个百分点，涉海企业经营效益明显改善。

（二）结构优化与升级

2016—2021 年，结构优化与升级指数年均增速为 2.4%，总体呈稳步上升态势。2021 年，结构优化与升级指数为 115.1，比上年增长 4.4%，结构优化与升级成效显著。

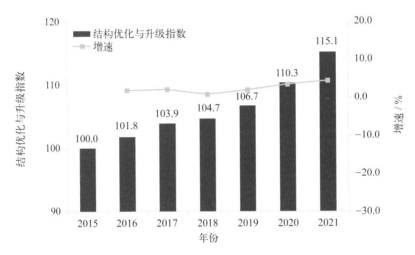

图 3　2015—2021 年结构优化与升级指数及增速

海洋产业结构进一步优化，海洋科技创新驱动持续深化。2021 年，海洋新兴产业增加值比 2015 年翻了一番，占海洋生产总值比重比 2015 年提高 0.3 个百分点，海洋新兴产业动能积蓄增强。2015 年以来，海洋制造业增加值占海洋生产总值比重保持在三成左右，实体经济根基进一步夯实。2021 年，海洋领域上市企业数比 2015 年增长 61.9%，经济活力不断释放；重点监测的海洋科研机构中，研究与试验发展（R&D）经费是 2015 年的两倍，创新投入持续增加；重点监测的海洋科研机构中，海洋专利授权数比上年增长 26.3%，科技成果转化收入比上年增长 43.4%，产业转型升级步伐加快。

（三）资源节约与利用

2016—2021 年，资源节约与利用指数年均增速为 2.3%，呈稳步提升态势。2021 年，资源节约与利用指数为 114.6，比上年增长 2.7%，资源节约与利用能力进一步增强。

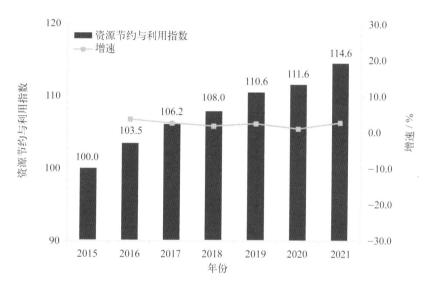

图 4　2015—2021 年资源节约与利用指数及增速

海洋资源节约集约水平不断提升，开发利用能力持续增强。2021 年，涉海工业增加值能耗比 2015 年下降 5.6%，节能降耗成效显著；每公顷海域创造海洋产业增加值比 2015 年增长 4.0%，用海效益总体保持增长；海上风电发电量是 2015 年的 31 倍，潮流能和波浪能等海洋能开发利用技术的研发示范稳步推进，海洋清洁能源开发势头强劲；海水淡化日产能力 186 万吨，比 2015 年增加 85 万吨，海水淡化能力不断提升，为沿海缺水地区提供重要补充水源。

（四）对外经济与贸易

2016—2021 年，对外经济与贸易指数年均增速为 1.8%，对外经贸发展量增质升。2021 年，对外经济与贸易指数为 111.5，比上年增长4.6%，对外经济与贸易加快发展。

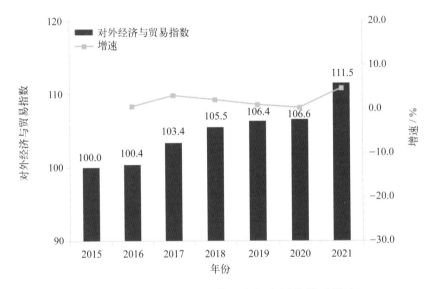

图 5　2015—2021 年对外经济与贸易指数及增速

海洋对外贸易持续向好，经贸合作继续加强。2021 年，我国海运进出口总额超过 20 万亿元，是 2015 年的 1.6 倍；国际航线集装箱吞吐量是 2015 年的 1.3 倍，航运贸易发展迈上新台阶。2015 年以来，我国出口海船完工量占全球完工量比重均在 30% 以上，海洋船舶制造国际竞争优势进一步稳固。2021 年，我国与重点监测的海上丝绸之路沿线国家贸易额比上年增长 33.0%，比 2015 年翻了近一番。

（五）民生保障与改善

2016—2021 年，民生保障与改善指数年均增速为 2.3%，呈稳健发展态势。2021 年，民生保障与改善指数为 114.4，比上年增长 1.4%，民生保障与改善有力有效。

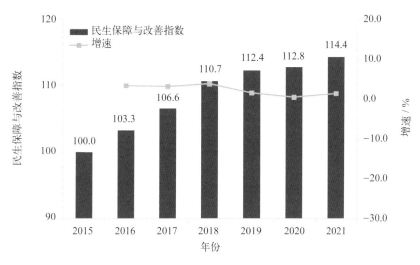

图 6 2015—2021 年民生保障与改善指数及增速

社会民生保障有力，居民生活质量不断改善。2021 年，海洋渔民人均纯收入 2.9 万元，是 2015 年的 1.5 倍，海洋渔民收入保持平稳增长；我国人均海水产品占有量首次达到 24 千克，为居民提供丰富的优质蛋白质食品；我国每万人海洋公园面积比 2015 年增加 0.7 公顷，居民亲海空间进一步拓展；滨海旅游市场逐步回暖，海洋旅游出行意愿强烈，就地休闲和近程旅游成为新热点。

附　表

表 1　2021 年国务院有关部门发布的促进海洋经济发展的相关政策规划

海洋产业	政策 / 规划	发布机构	发布时间
海洋渔业	《关于加强水产养殖用投入品监管的通知》	农业农村部	2021 年 1 月
	《关于 2021 年伏季休渔期间特殊经济品种专项捕捞许可和捕捞辅助船配套服务安排的通告》	农业农村部	2021 年 4 月
	《国家级水产健康养殖和生态养殖示范区管理办法（试行）》	农业农村部	2021 年 6 月
	《关于实施 2021 年公海自主休渔措施的通知》	农业农村部	2021 年 6 月
	《关于实施渔业发展支持政策推动渔业高质量发展的通知》	财政部、农业农村部	2021 年 5 月
	《关于进一步做好远洋渔船境外报废处置工作的通知》	农业农村部渔业渔政管理局	2021 年 2 月
	《关于调整海洋伏季休渔制度的通告》	农业农村部渔业渔政管理局	2021 年 2 月
海洋船舶制造业	《"十四五"工业绿色发展规划》	工业和信息化部	2021 年 11 月
海洋电力业	《关于加快推动新型储能发展的指导意见》	国家发展改革委、国家能源局	2021 年 7 月
	《海上风力发电建设工程质量监督检查大纲》	国家能源局	2021 年 6 月
海水淡化与综合利用业	《海水淡化利用发展行动计划（2021—2025 年）》	国家发展改革委、自然资源部	2021 年 5 月

续表

海洋产业	政策 / 规划	发布机构	发布时间
海洋交通运输业	《关于取消港口建设费和调整民航发展基金有关政策的公告》	财政部	2021 年 3 月
	《关于推进海事服务粤港澳大湾区发展的意见》	交通运输部	2021 年 6 月
	《关于进一步推进长江经济带船舶靠港使用岸电的通知》	交通运输部、国家发展改革委、国家能源局、国家电网有限公司	2021 年 7 月
海洋信息产业	《"十四五"软件和信息技术服务业发展规划》	工业和信息化部	2021 年 11 月
	《"十四五"大数据产业发展规划》	工业和信息化部	2021 年 11 月
其他	《海南自由贸易港自用生产设备"零关税"政策海关实施办法（试行）》	海关总署	2021 年 3 月
	《关于支持海南自由贸易港建设放宽市场准入若干特别措施的意见》	国家发展改革委、商务部	2021 年 4 月
	《海南自由贸易港跨境服务贸易特别管理措施（负面清单）（2021 年版）》	商务部	2021 年 7 月
	《辽宁沿海经济带高质量发展规划》	国家发展改革委	2021 年 9 月
	《支持浙江省探索创新打造财政推动共同富裕省域范例的实施方案》	财政部	2021 年 11 月

表 2　2021 年沿海地区发布的促进海洋经济发展的
相关法律法规与政策规划

地区	发布机构	政策 / 规划	发布时间
辽宁省	辽宁省自然资源厅	《辽宁省"十四五"海洋观测网规划（2021—2025）》	2021 年 3 月
	辽宁省人民政府	《辽宁省国民经济和社会发展第十四个五年规划和 2035 年远景目标纲要》	2021 年 7 月
	辽宁省人民政府办公厅	《辽东湾湾长制实施方案》	2021 年 9 月
	大连市人民政府	《大连市国民经济和社会发展第十四个五年规划和 2035 年远景目标纲要》	2021 年 8 月
	大连市自然资源局	《大连市海洋经济发展"十四五"规划》	2021 年 12 月
河北省	河北省人民政府办公厅	《关于河北省综合立体交通网规划纲要的实施意见》	2021 年 8 月
	河北省发展和改革委员会	《关于印发河北省沿海高质量发展"十四五"规划的通知》	2021 年 9 月
	河北省发展和改革委员会、河北省自然资源厅	《河北省海水淡化利用发展行动实施方案（2021—2025 年）》	2021 年 11 月
天津市	天津市人民代表大会常务委员会	《天津市推进北方国际航运枢纽建设条例》	2021 年 7 月
	天津市人民政府办公厅	《天津市海洋经济发展"十四五"规划》	2021 年 6 月
	天津市人民政府办公厅	《关于加快天津邮轮产业发展的意见》	2021 年 9 月

地区	发布机构	政策／规划	发布时间
山东省	山东省人民政府	《山东省国民经济和社会发展第十四个五年规划和2035年远景目标纲要》	2021年4月
	山东省人民政府办公厅	《关于加快推进世界一流海洋港口建设的实施意见》	2021年3月
	山东省人民政府办公厅	《山东省能源发展"十四五"规划》	2021年8月
	山东省人民政府办公厅	《关于支持青岛西海岸新区进一步深化改革创新加快高质量发展的若干措施》	2021年8月
	山东省人民政府办公厅	《山东省"十四五"海洋经济发展规划》	2021年10月
	青岛市人民政府	《青岛市国民经济和社会发展第十四个五年规划和2035年远景目标纲要》	2021年4月
	青岛市人民政府办公厅	《青岛市促进航运产业高质量发展15条政策》	2021年1月
	青岛市人民政府办公厅	《青岛市"十四五"国有资本结构调整战略布局发展规划》	2021年9月
	青岛市人民政府办公厅	《青岛市"十四五"海洋经济发展规划》	2021年12月
	青岛市水务管理局	《青岛市节约用水和非常规水利用"十四五"规划》	2021年12月

续表

地区	发布机构	政策／规划	发布时间
江苏省	中共江苏省委、江苏省人民政府	《关于推动高质量发展做好碳达峰碳中和工作实施意见》	2021 年 3 月
	江苏省人民政府	《关于加快建立健全绿色低碳循环发展经济体系的实施意见》	2021 年 4 月
	江苏省人民政府	《江苏省国民经济和社会发展第十四个五年规划和 2035 年远景目标纲要》	2021 年 2 月
	江苏省人民政府办公厅	《江苏省制造业智能化改造和数字化转型三年行动计划（2022—2024 年）》	2021 年 12 月
	江苏省人民政府办公厅	《江苏省"十四五"自然资源保护和利用规划》	2021 年 8 月
	江苏省人民政府办公厅	《关于加强沿海海上活动安全管理的意见》	2021 年 9 月
	江苏省自然资源厅	《江苏省建设项目用海控制指标》	2021 年 2 月
	江苏省自然资源厅、江苏省发展改革委	《江苏省"十四五"海洋经济发展规划》	2021 年 8 月
	江苏省交通运输厅	《江苏省"十四五"水运发展规划》	2021 年 8 月

地区	发布机构	政策／规划	发布时间
上海市	上海市人民政府	《崇明世界级生态岛发展规划纲要（2021—2035年）》	2021年6月
	上海市人民政府	《上海国际航运中心建设"十四五"规划》	2021年6月
	上海市人民政府	《关于加快建立健全绿色低碳循环发展经济体系的实施方案》	2021年9月
	上海市人民政府办公厅	《关于本市加快发展外贸新业态新模式的实施意见》	2021年9月
	上海市人民政府办公厅	《上海市自然资源利用和保护"十四五"规划》	2021年8月
	上海市人民政府办公厅	《上海加快打造国际绿色金融枢纽服务碳达峰碳中和目标的实施意见》	2021年10月
	上海市经济信息化委	《全力打响"上海制造"品牌 加快迈向全球卓越制造基地三年行动计划（2021—2035年）》	2021年7月
	上海市交通委、上海海事局	《关于进一步规范本市港口和船舶岸电设施建设使用工作的通知》	2021年5月
	上海市海洋局	《上海市海洋"十四五"规划》	2021年12月

续表

地区	发布机构	政策 / 规划	发布时间
浙江省	浙江省人民政府办公厅	《浙江省八大水系和近岸海域生态修复与生物多样性保护行动方案（2021—2025 年）》	2021 年 9 月
	浙江省人民政府办公厅	《浙江省海洋经济发展"十四五"规划》	2021 年 5 月
	浙江省人民政府办公厅	《关于加快构建科技创新基金体系的若干意见》	2021 年 8 月
	浙江省委科技强省建设领导小组	《浙江省碳达峰碳中和科技创新行动方案》	2021 年 3 月
	浙江省自然资源厅	《舟山高质量发展建设共同富裕示范区先行市实施方案（2021—2025 年）》	2021 年 10 月
	浙江省自然资源厅	《市级海岸带综合保护与利用规划编制指南（试行）》	2021 年 12 月
	浙江省农业农村厅	《关于严厉打击破坏渔业资源和危及渔船安全生产行为的通告》	2021 年 12 月
	宁波市人民政府	《宁波市海洋经济发展"十四五"规划》	2021 年 12 月
	宁波市人民政府办公厅	《关于做好当前跨境物流缺舱缺箱问题应对工作的若干意见》	2021 年 2 月
	宁波市人民政府办公厅	《宁波市港航服务业补短板攻坚行动方案》	2021 年 3 月

续表

地区	发布机构	政策 / 规划	发布时间
福建省	福建省人民政府	《加快建设"海上福建"推进海洋经济高质量发展三年行动方案（2021—2023 年）》	2021 年 5 月
	福建省人民政府	《福建省国民经济和社会发展第十四个五年规划和 2035 年远景目标纲要》	2021 年 3 月
	福建省人民政府	《福建省沿海港口布局规划（2020—2035 年）》	2021 年 1 月
	福建省人民政府办公厅	《关于推动远洋渔业高质量发展八条措施的通知》	2021 年 7 月
	福建省人民政府办公厅	《海上养殖转型升级行动方案》	2021 年 4 月
	福建省发展改革委	《推进全省现代物流体系建设的若干措施》	2021 年 1 月
	福建省发展改革委、福建省自然资源厅	《福建省重要生态系统保护和修复重大工程实施方案（2021—2035 年）》	2021 年 1 月
	厦门市人民政府	《厦门市国民经济和社会发展第十四个五年规划和 2035 年远景目标纲要》	2021 年 3 月
	厦门市人民政府办公厅	《进一步加强海漂垃圾综合治理行动方案》	2021 年 3 月
	厦门市人民政府办公厅	《厦门市海洋经济发展"十四五"规划》	2021 年 9 月
	厦门市人民政府办公厅	《加快建设"海洋强市"推进海洋经济高质量发展三年行动方案（2021—2023 年）》	2021 年 9 月
	厦门港口管理局	《厦门港建设世界一流港口工作方案》	2021 年 5 月

续表

地区	发布机构	政策／规划	发布时间
广东省	中共广东省委、广东省人民政府	《关于支持湛江加快建设省域副中心城市打造现代化沿海经济带重要发展极的意见》	2021年2月
	广东省人民政府	《促进海上风电有序开发和相关产业可持续发展的实施方案》	2021年6月
	广东省人民政府	《广东省国民经济和社会发展第十四个五年规划和2035年远景目标纲要》	2021年4月
	广东省人民政府	《广东省海洋经济发展"十四五"规划》	2021年2月
	广东省自然资源厅	《海岸线占补实施办法（试行）》	2021年7月
	广州市港务局	《建设广州国际航运枢纽三年行动计划（2021—2023年）》	2021年8月
	广州市港务局	《广州港口与航运"十四五"发展规划》	2021年8月
	中共深圳市委全面深化改革委员会	《深圳市深化国际船舶登记制度改革实施方案》	2021年6月
	深圳市规划和自然资源局	《深圳市海域管理范围划定管理办法》	2021年12月
	深圳市规划和自然资源局	《深圳市海域使用权招标拍卖挂牌出让管理办法》	2021年12月
	深圳市文化广电旅游体育局	《深圳市海洋文体旅游发展专项规划（2021—2025）》	2021年5月

续表

地区	发布机构	政策／规划	发布时间
广西壮族自治区	广西壮族自治区人民政府	《关于支持北海市发展邮轮产业的意见》	2021 年 9 月
	广西壮族自治区人民政府	《广西壮族自治区国民经济和社会发展第十四个五年规划和 2035 年远景目标纲要》	2021 年 4 月
	广西壮族自治区海洋局、广西壮族自治区发展改革委	《广西海洋经济发展"十四五"规划》	2021 年 7 月
	广西壮族自治区海洋局、广西壮族自治区发展改革委	《广西向海经济发展战略规划（2021—2035 年）》	2021 年 12 月
	广西壮族自治区海洋局、科学技术厅、科学技术协会	《广西海洋科普和意识教育基地认定办法（暂行）》	2021 年 12 月
海南省	中共海南省委、海南省人民政府	《关于全面推进乡村振兴加快农业农村现代化的实施意见》	2021 年 1 月
	海南省商务厅、海南国际经济发展局	《2021 海南自由贸易港投资指南》	2021 年 4 月
	海南省自然资源和规划厅	《海南省海洋经济发展"十四五"规划（2021—2025 年）》	2021 年 6 月

表 3 2021 年沿海地区海洋经济主要指标

沿海地区	海洋生产总值 / 亿元
辽宁	4451
河北	2744
天津	5175
山东	15 154
江苏	8423
上海	9621
浙江	9841
福建	10 842
广东	17 115
广西	2205
海南	1990